中国地质调查成果 CGS 2018-067
中国地质调查局DD20160038项目科普成果

千姿百态的恐龙世界

恐龙科普知识百问

QIANZI-BAITAI DE KONGLONG SHIJIE
KONGLONG KEPU ZHISHI BAI WEN

江苏省地质学会　编著

中国地质大学出版社
ZHONGGUO DIZHI DAXUE CHUBANSHE

图书在版编目(CIP)数据

千姿百态的恐龙世界:恐龙科普知识百问/江苏省地质学会编著. —武汉:中国地质大学出版社,2019.3
ISBN 978-7-5625-4494-4

Ⅰ.①千…
Ⅱ.①江…
Ⅲ.①恐龙-普及读物
Ⅳ.①Q915.864-49

中国版本图书馆CIP数据核字(2019)第040121号

千姿百态的恐龙世界
恐龙科普知识百问

江苏省地质学会　编著

责任编辑：胡珞兰	责任校对：张咏梅
出版发行：中国地质大学出版社(武汉市洪山区鲁磨路388号)	邮政编码：430074
电　　话：(027)67883511　　传　　真：(027)67883580	E-mail:cbb@cug.edu.cn
经　　销：全国新华书店	http://cugp.cug.edu.cn
开本：787毫米×1 092毫米　1/16	字数：230千字　印张：8.75
版次：2019年3月第1版	印次：2019年3月第1次印刷
印刷：武汉中远印务有限公司	印数：1—5 000册
ISBN 978-7-5625-4494-4	定价：48.00元

如有印装质量问题请与印刷厂联系调换

《千姿百态的恐龙世界:恐龙科普知识百问》

编委会

主　编:陶培荣

副主编:詹庚申　黄克蓉

编　委:

詹庚申　陈海燕　钱迈平　王林棣　章其华
陈彦瑾　黄　倩　王汪凯　姜耀宇

编著者:

钱迈平　马　雪　詹庚申　周效华　章其华
所颖萍　陈彦瑾　黄　倩　侯鹏飞　赵　倩
张　为

前 言

  在中生代时期，距今至少约2亿3 000万年到6 500万年的时间段，地球上曾活跃着一大群奇特的动物——恐龙，它们在陆地上称霸长达1亿6 500万年之久。今天的科学家们根据恐龙的化石以及保存这些化石的岩石地层，通过各种地质科学研究手段，探寻它们的形态特征、生活习性和当时地球的生态环境。经过一个多世纪的恐龙化石收集和研究，科学家们逐步揭开了这些神奇动物的层层面纱。本书将以图文并茂、有问有答的形式向读者介绍有关恐龙的科普知识。

CONTENTS 目录

1. 什么是恐龙? …………………………………………001
2. 恐龙为什么被称为"恐龙"? ………………………002
3. 恐龙有多少种? ………………………………………002
4. 为什么如此多种多样的一大群爬行动物都划归恐龙这一类? ………003
5. 颞颥孔是什么? ………………………………………003
6. 恐龙是如何分类的? …………………………………004
7. 恐龙生活的时代距今究竟有多久远? ………………005
8. 在恐龙出现之前,地球历史经历了哪些地质时代? …005
9. 恐龙生活的中生代是怎样的一个时代? ……………010
10. 谁是恐龙的祖先? ……………………………………012
11. 谁是最古老恐龙? ……………………………………013
12. 哪一种恐龙最先被发现? ……………………………015
13. 谁第一个发现了恐龙? ………………………………018
14. 禽龙是怎样的一种恐龙? ……………………………020
15. 在中国最先被发现的恐龙是哪一种? ………………021
16. 为什么说鱼龙不是恐龙? ……………………………023
17. 为什么说翼龙不是恐龙? ……………………………023
18. 最大的恐龙是哪一种? ………………………………024
19. 最高的恐龙是哪一种? ………………………………025
20. 最重的恐龙是哪一种? ………………………………026
21. 中国最大的恐龙是哪一种? …………………………026

22. 最大的食肉恐龙是哪一种? ……………………………027
23. 中国最大的食肉恐龙是哪一种? ……………………028
24. 鼠龙是最小的恐龙吗? ……………………………………029
25. 最小的恐龙是哪一种? ……………………………………030
26. 脑袋最大的恐龙是哪一种? ……………………………031
27. 脑袋最小的恐龙是哪一种? ……………………………032
28. 剑龙有第二个大脑吗? ……………………………………033
29. 脑袋最结实的恐龙是哪一种? …………………………033
30. 冠冕最长的恐龙是哪一种? ……………………………036
31. 犄角最长的恐龙是哪一种? ……………………………037
32. 三角龙和牛角龙怎么区别? ……………………………038
33. 爪子最大的恐龙是哪一种? ……………………………039
34. 跑得最快的恐龙是哪一种? ……………………………040
35. 眼睛最大的恐龙是哪一种? ……………………………041
36. 牙齿最大的恐龙是哪一种? ……………………………042
37. 暴龙和特暴龙怎么区别? ………………………………044
38. 牙齿最多的恐龙是哪一种? ……………………………046
39. 牙齿最多的食肉恐龙是哪一种? ……………………048
40. 最大的装甲恐龙是哪一种? ……………………………049
41. 装甲最重的恐龙是哪一种? ……………………………050
42. 装甲最全的恐龙是哪一种? ……………………………051
43. 最聪明的恐龙是哪一种? ………………………………051
44. 最笨的恐龙是哪一种? …………………………………052
45. 最美的恐龙是哪一种? …………………………………053
46. 最丑的恐龙是哪一种? …………………………………055
47. 恐龙都长着羽毛吗? ……………………………………056
48. 原始中华龙鸟是怎样的一种恐龙? …………………061

49. 华丽羽暴龙是怎样的一种恐龙? ……061
50. 千禧中华鸟龙是怎样的一种恐龙? ……062
51. 顾氏小盗龙是怎样的一种恐龙? ……063
52. 安德鲁斯氏原角龙是怎样的一种恐龙? ……063
53. 蒙古鹦鹉嘴龙是怎样的一种恐龙? ……064
54. 有长着兔子那样的大门牙的恐龙吗? ……065
55. 有身上长刺的恐龙吗? ……066
56. 恐龙会游泳吗? ……066
57. 华城高丽角龙是怎样的一种恐龙? ……068
58. 有会飞行的恐龙吗? ……068
59. 有会爬树的恐龙吗? ……069
60. 恐龙随季节迁徙吗? ……070
61. 长圆顶龙是怎样的一种恐龙? ……071
62. 南极洲冰层里有恐龙化石吗? ……072
63. 艾里奥特氏冰冠龙是怎样的一种恐龙? ……072
64. 汉姆尔氏冰河龙是怎样的一种恐龙? ……072
65. 许纳氏禄丰龙是怎样的一种恐龙? ……074
66. 无畏快达龙是怎样的一种恐龙? ……075
67. 北极圈里有恐龙化石吗? ……075
68. 加拿大厚鼻龙是怎样的一种恐龙? ……076
69. 库克皮克古食草龙是怎样的一种恐龙? ……077
70. 冈格洛夫氏阿拉斯加头龙是怎样的一种恐龙? ……077
71. 霍格伦德氏北极熊龙是怎样的一种恐龙? ……078
72. 大型食肉恐龙如何捕猎? ……079
73. 小型食肉恐龙如何捕猎? ……080
74. 鲍里氏腔骨龙是怎样的一种恐龙? ……081
75. 平衡恐爪龙是怎样的一种恐龙? ……081

76. 蒂利特氏腱龙是怎样的一种恐龙? ……………………………083
77. 素食恐龙如何防御食肉恐龙的攻击? ……………………………083
78. 为什么恐龙的头骨化石特别珍贵? ……………………………085
79. 盗蛋龙冤案是怎么回事? ……………………………086
80. 恐龙会照料自己的小宝宝吗? ……………………………088
81. 皮布尔斯氏慈母龙是怎样的一种恐龙? ……………………………092
82. 护甲萨尔塔龙是怎样的一种恐龙? ……………………………092
83. 刀背大椎龙是怎样的一种恐龙? ……………………………093
84. 大型蜥脚类恐龙蛋是什么样的? ……………………………093
85. 大椎龙类恐龙蛋是什么样的? ……………………………096
86. 鸭嘴龙类恐龙蛋是什么样的? ……………………………097
87. 盗蛋龙类恐龙蛋是什么样的? ……………………………100
88. 伤齿龙类恐龙蛋是什么样的? ……………………………101
89. 大型兽足类恐龙蛋是什么样的? ……………………………104
90. 镰刀龙类恐龙蛋是什么样的? ……………………………106
91. 最大的恐龙蛋有多大? ……………………………107
92. 为什么大多数恐龙蛋化石是扁的? ……………………………107
93. 恐龙的内脏能保存成化石吗? ……………………………109
94. 恐龙能保存成木乃伊吗? ……………………………114
95. 恐龙的寿命有多长? ……………………………115
96. 盛极一时的恐龙是怎么绝灭的? ……………………………115
97. 小行星撞击地球的概率有多大?如果真的要撞过来,人类怎么办? …120
98. 为什么有的人认为恐龙并没有绝灭? ……………………………122
99. 鸟类是插上翅膀的恐龙吗? ……………………………122
100. 恐龙能通过克隆再次复活吗? ……………………………125

结束语 ……………………………126

主要参考文献 ……………………………127

1. 什么是恐龙？

恐龙是中生代繁盛一时的一大类多样化陆地爬行动物。

恐龙最直观的外貌特征就是站着行走（图1），这一点和大部分现代陆地哺乳动物一样，而不像其他大部分爬行动物，如鳄、蜥蜴、龟和蛇等那样匍匐或半匍匐行走。这是因为恐龙的臀窝朝向两侧，股骨的第四粗隆部朝向内侧，两者契合，构成站立行走的步态。这种步态可降低肢体弯曲所承受的压力，有助于发展出巨大的体型。某些非恐龙的主龙类也独立演化出站立行走的步态，如劳氏鳄（*Rauisuchia*），但它们的臀窝朝下，股骨往上嵌入臀窝，形成不同于恐龙和哺乳动物的柱状站立方式（图2）。

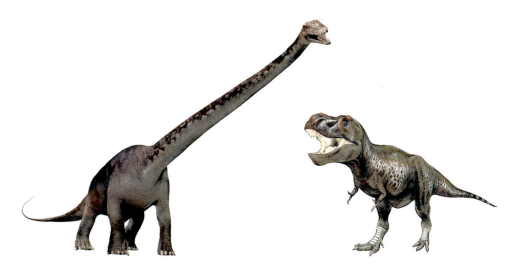

图1 恐龙都是站立行走的，例如四足行走的梁龙（*Diplodocus*）和两足行走的暴龙（*Tyrannosaurus*）
（Image Credit：deviantart.com）

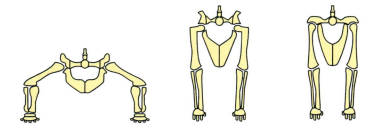

图2 恐龙后肢与臀窝的接合方式与大部分现代哺乳动物一样（中），
不同于其他大部分爬行动物（左）和某些主龙类，如劳氏鳄（右）
（Image Credit：Fred the Oyster）

2. 恐龙为什么被称为"恐龙"?

恐龙在科学界通用的拉丁文学名是 Dinosauria，意思是"恐怖的蜥蜴"，源自古希腊文δεινός（deinos）（意思是"恐怖的"）和σαῦρος（sauros）（意思是"蜥蜴"），由英国古生物学家理查德·欧文爵士（Sir Richard Owen）（图3）1841年首创。因为当时发现的一些恐龙化石体形巨大，尖牙利爪，令人震撼，所以才有这样的命名。而中文"恐龙"则是根据日文"恐竜"翻译过来的。

图3 恐龙的命名者——英国古生物学家理查德·欧文爵士在1856年
（Image Credit：en.wikipedia.org）

3. 恐龙有多少种?

恐龙是高度多样化的脊椎动物，陆地上最大的素食和食肉动物都是恐龙家族的成员。目前全世界发现并命名的恐龙种类已超过1 000种（其中300多种没有太大争议），新的种类仍在不断被发现（图4）。

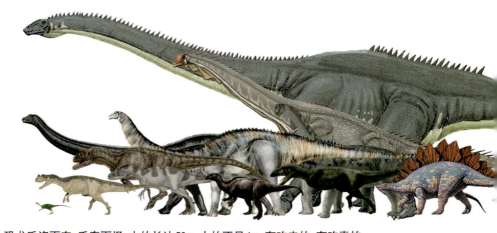

图4 恐龙千姿百态，千奇百怪，大的长达50m，小的不足1m；有吃肉的，有吃素的，还有荤素都吃的；身上有长鳞甲的，有长疙瘩的，有长刺的，还有长毛的，甚至还有长羽毛的
（Image Credit：brolyeuphyfusion9500）

4. 为什么如此多种多样的一大群爬行动物都划归恐龙这一类?

尽管恐龙千姿百态,千奇百怪,大小不一,长鳞甲的,长疙瘩的,长刺的,长毛的,差异巨大,但它们都具有两大共同特点:

(1)头骨都有两对颞颥孔,这一点和翼龙、蜥蜴、蛇及鳄类相同,所以在生物学系统分类上都属于爬行动物纲(Reptilia)双孔亚纲(Diapsida)。

(2)头骨都有眶前孔和下颌孔,这一点和主龙类及鸟类一样,都属于主龙形下纲(Archosauriformes)。

主龙的学名Archosauria意思是"统治的蜥蜴",源自希腊文(archōn)"统治"和σαῦρος(sauros)"蜥蜴"。在主龙形下纲中,有的种类匍匐爬行,有的种类站立行走,而其中的恐龙总目(Dinosauria)全部都是站立行走。

5. 颞颥孔是什么?

颞颥孔(temporal fenestrae)是头骨眼眶后面的颅顶附加孔,一般为咬合肌附着位置(图5)。

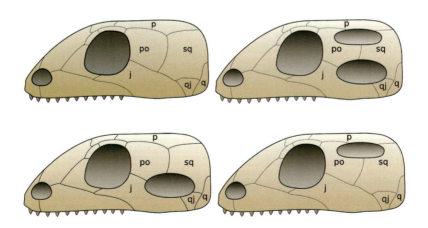

图5 无孔类(上左),双孔类(上右),单孔类(下左)及调孔类(下右)头骨示意图
j.颧骨(jugal),p.顶骨(parietal),po.眶后骨(postorbital),q.方骨(quadrate),
qj.方轭骨(quadratojugal),sq.鳞骨(squamosal)
(Image Credit: en.wikipedia.org)

龟、鳖没有颞颥孔,所以归入无孔类(Anapsid)。

恐龙、翼龙、蜥蜴、蛇、鳄和鸟都有上下两对颞颥孔,属于双孔类(Diapsid)。

类哺乳爬行动物以及由其进化而成的哺乳动物只有一对颞颥孔,即太阳穴,属于单孔类(Synapsid),也是羊膜动物,可在干燥的环境生育后代。

鱼龙等海生爬行动物头骨有一对上颞颥孔,但缺少下颞颥孔,属于调孔类(Euryapsid)。

6. 恐龙是如何分类的?

根据恐龙骨盆的构造特点,它们被分为两大类:蜥臀目(Saurischia)和鸟臀目(Ornithischia)。蜥臀目的耻骨向前伸,和蜥蜴的一样;鸟臀目的耻骨向后伸,和鸟类的一样(图6、图7)。通常,蜥臀目包括两足奔跑动作迅猛的肉食恐龙和小头长颈的巨型恐龙;而鸟臀目则是长着长棘、头饰、颈盾、盔甲或鸟喙的怪异恐龙。

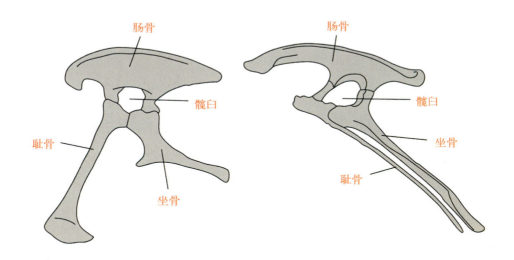

图6 蜥臀目(左)的耻骨向前伸;鸟臀目(右)的耻骨向后伸
(Image Credit:en.wikipedia.org)

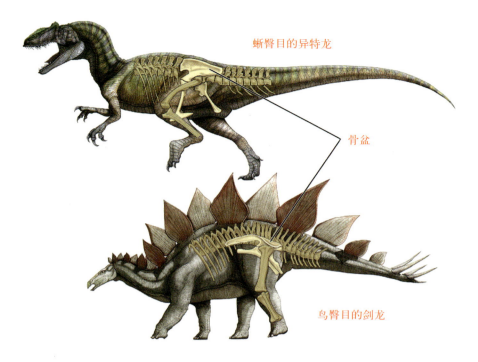

图7　蜥臀目的代表异特龙（*Allosaurus*）和鸟臀目的代表剑龙（*Stegosaurus*）的骨盆比较
（Image Credit：Encyclopedia Britannica，2014）

7. 恐龙生活的时代距今究竟有多久远?

根据目前已发现的化石，以及对包含这些化石的岩石地层的年代学研究确定，恐龙最早出现在距今约2亿3 000多万年前的三叠纪中期，在侏罗纪和白垩纪发展到鼎盛，最终在约6 500万年前的白垩纪末期大绝灭事件中灭亡。

恐龙在地球上至少生活了约1亿6 500万年之久。

8. 在恐龙出现之前，地球历史经历了哪些地质时代?

恐龙生存的三叠纪、侏罗纪和白垩纪是地球历史上的中生代时期。那么，在恐龙出现之前，地球历史经历了哪些地质时代呢？

根据国际地层委员会2015年1月公布的国际年代地层表（International Stratigraphic Chart v 2015/01），将地球从约46亿年前诞生以来的历史，按生命演化的不同阶段，划分为冥古宙、太古宙、元古宙、古生代、中生代及新生代6个时期。

其中,冥古宙(距今约46亿~40亿年)和太古宙(距今约40亿~25亿年)是地球生命孕育萌发的时期(图8),已知最古老的化石记录包括:①西澳大利亚杰克山距今约41亿年的锆石中保存的有机化合物;②西格陵兰伊苏瓦距今约37亿年的变质沉积岩中保存的生物代谢形成的有机石墨;③格陵兰西南角沿海的伊苏阿岛距今约37亿年的微生物席构成的叠层石(图9);④美国蒙大拿州冰川国家公园距今约35亿年的叠层石灰岩中保存的蓝细菌化石等。

图8 距今约46亿年的地球形成初期,它灼热的表面还没完全冷却,岩浆遍地横流,陨石狂轰滥炸,到处笼罩着强烈的宇宙辐射,此起彼伏的火山喷发释放出的二氧化硫、二氧化碳和水蒸气等气体为地球生命的诞生准备了必要的物质基础
(Image Credit: astro.wisc.edu)

图9 太古宙是地球生命诞生和初步发展的时代。其中,由蓝细菌等微生物形成的一种具有隆起的纹层状生物沉积构造——叠层石,是直接可用肉眼看得见的最古老化石,如2016年发现于格陵兰岛伊苏阿岛约37亿年前的叠层石化石
(Image Credit: Allen P. Nutman et.al., 2016)

元古宙（距今约25亿～5亿4 100万年）是地球生命由原核向真核、由微体（用显微镜才能看到）向宏体（直接用肉眼就可看到）、由单细胞向多细胞演化的关键时期（图10、图11）。其中包括10个纪：成铁纪（25亿～23亿年）、层侵纪（23亿～20亿5 000万年）、造山纪（20亿5 000万～18亿年）、固结纪（18亿～16亿年）、盖层纪（16亿～14亿年）、延展纪（14亿～12亿年）、狭带纪（12亿～10亿年）、拉伸纪（10亿～7亿2 000万年）、成冰纪（7亿2 000万～6亿3 500万年）及埃迪卡拉纪（6亿3 500万～5亿4 100万年）。

图10 元古宙是细菌、蓝细菌和藻类的时代，地衣和蓝细菌席开始出现在陆地。数量巨大的蓝细菌和藻类进行光合作用，不断向地球大气圈释放着氧气，最终将无氧大气圈改造成有氧大气圈，为更加高等的生命演化奠定了基础
（Image Credit：treccani.it）

图11 距今5亿7 000多万年前的元古宙末期，出现埃迪卡拉生物群。其特点是动物身体柔软，结构简单，没有硬骨胳
（Image Credit：Ryan Somma）

古生代(距今约5亿4 100万～2亿5 170万年)是地球海洋生物爆发性演化发展,并逐步向陆地扩展的时代(图12～图14)。其中包括6个纪:寒武纪(距今约5亿4 100万～4亿8 540万年)、奥陶纪(距今约4亿8 540万～4亿4 380万年)、志留纪(距今约4亿4 380万～4亿1 920万年)、泥盆纪(距今约4亿1 920万～3亿5 890万年)、石炭纪(距今约3亿5 890万～2亿9 890万年)和二叠纪(距今约2亿9 890万～2亿5 190万年)。2亿5 000多万年前,二叠纪末的大绝灭事件,导致地球上96%的海洋物种和70%的陆地脊椎动物灭绝,是地球历史上迄今为止最惨烈的大绝灭事件!古生代的三叶虫、四射珊瑚、横板珊瑚、蜓类及有孔虫彻底绝灭,其他生物类群都遭受不同程度的打击,至此古生代宣告结束。

图12 古生代早期,尽管地球的陆地上除了零星分布的地衣和藻席外,仍是一片荒芜,但海洋里却已是生机盎然,海洋无脊椎动物成为那个时代的标志。其中,最重大的生命演化事件是寒武纪生命大爆发。在距今约5亿3 000万～5亿1 500万年的时间段,门类众多的节肢动物、软体动物、腕足动物、环节动物和脊索动物等,几乎不约而同地"突然"出现!这些动物身体结构复杂,演化出各种外壳、脊索、牙齿、螯肢等硬骨胳构造,如中国云南的寒武纪澄江生物群
(Image Credit: educatetruth.com)

图13　古生代中期,是地球生命从水生向陆生拓展的重要阶段,陆地上开始出现大型植物。瞧,这是距今约3亿9 000万年前泥盆纪中期的沼泽湿地丛林
（Image Credit：science source 2016）

图14　古生代晚期,蕨类植物日趋完善并迅速扩展,形成大片森林。裸子植物和昆虫的祖先也陆续出现,两栖动物达到全盛。瞧,这是距今2亿8 500万年前二叠纪早期的德国普法尔茨生物群
（Image Credit：newcastlemuseum.com）

9. 恐龙生活的中生代是怎样的一个时代？

中生代（距今约2亿5 217万～6 600万年）包括：三叠纪（距今约2亿5 217万～2亿130万年）、侏罗纪（距今约2亿零130万～1亿4 500万年）、白垩纪（距今约1亿4 500万～6 500万年）。是爬行动物和裸子植物繁盛的时代（图15）。

图15　中生代是爬行动物和裸子植物繁盛的时代
（Image Credit：Gerhard Boeggemann，2006）

三叠纪中、晚期是恐龙初现和早期演化时期。期间，地球的各个陆地板块在地质构造运动作用下已拼合成一块巨大的陆地，地质学家称之为泛大陆（Pangea）（图16、图17）。恐龙动物群在这个泛大陆上繁衍、迁徙和扩展，演化分异出一些新的种群。

侏罗纪至白垩纪，泛大陆逐渐分裂漂移，最终形成今天的亚洲、欧洲、非洲、北美洲、南美洲、大洋洲和南极洲（图18～图20）。随着泛大陆分裂成几个大陆，生活在各大陆的恐龙相互隔离，为适应不同的地理、气候和生态环境，各自演化分异出许许多多、形形色色、差异巨大的新物种。由此，恐龙进入了繁荣的鼎盛时期，直到在白垩纪末"突然"绝灭。

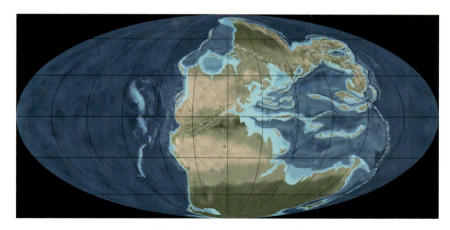

图16　三叠纪中期(2亿4 000万年前)的古地理图
(Image Credit: Courtesy Ron Blakey, NAU Geology)

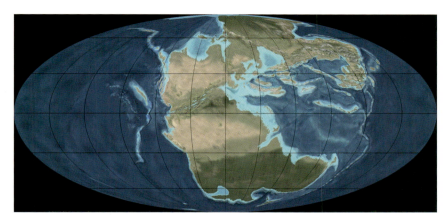

图17　三叠纪晚期(2亿2 000万年前)的古地理图
(Image Credit: Courtesy Ron Blakey, NAU Geology)

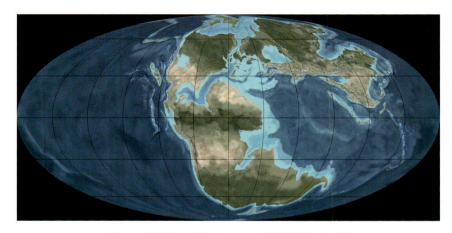

图18　侏罗纪中期(1亿7 000万年前)的古地理图
(Image Credit: Courtesy Ron Blakey, NAU Geology)

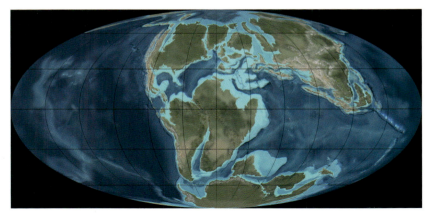

图19　白垩纪早期（1亿2 000万年前）的古地理图
(Image Credit：Courtesy Ron Blakey，NAU Geology)

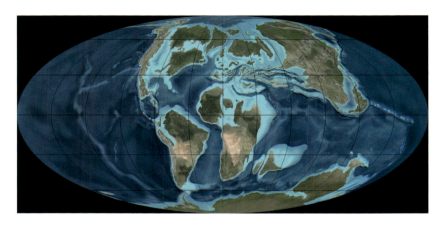

图20　白垩纪晚期（9 400万年前）的古地理图
(Image Credit：Courtesy Ron Blakey，NAU Geology)

10. 谁是恐龙的祖先？

根据古生物化石研究，古生物学家普遍认为，恐龙的祖先是主龙类爬行动物（Archosauria）。主龙的主要特征：

（1）牙齿位于齿槽内，这让它们进食时牙齿较不易脱落。

（2）鼻孔与眼眶之间有眶前孔（Preorbital fenestrae），而且眶前孔通常大于眼眶，减轻了头颅骨的重量；下颌骨有下颌孔（Mandibular fenestrae），也减轻了下颌的重量。

（3）股骨有第四粗隆部，它是一处重要的肌肉附着点，是后来恐龙演化出直立姿态的关键之一。

距今约2亿5 000多万年前的二叠纪末大绝灭,结束了古生代。

随着三叠纪的开始,一个崭新的时代来临,这就是中生代。主龙类就是在三叠纪早期迅速崛起,成为当时陆地上的优势脊椎动物(图21)。

图21　三叠纪早期,主龙类爬行动物植龙(*Phytosaurus*)统治着陆地河流湖泊和沼泽湿地
(Image Credit: larampadinapoli.com)

11. 谁是最古老恐龙?

目前已知的最古老恐龙都发现于南美洲,例如始盗龙(*Eoraptor*)(图22)和埃雷拉龙(*Herrerasurus*)(图23)。它们的化石都埋藏在距今2亿3 000多万年前的三叠纪中期地层中。

其中,始盗龙被许多古生物学家认为更原始些,理由是:

(1)在始盗龙的口中,后面的牙齿呈刀状,边缘有锯齿,这与其他食肉恐龙相似;但是它前面的牙齿却呈叶状,类似其他食植物的恐龙。这表明,始盗龙很可能是从一类食植物的主龙演化而来的荤素兼食的杂食恐龙。

(2)始盗龙的腰部只有3块荐椎支持着它那小巧的腰带,当恐龙的体型越变越大后,支持腰带的荐椎数目也随之增加。

(3)根据始盗龙的骨骼形态,古生物学者将其归入恐龙中的兽足类。这是一类食肉的(极少数为杂食、素食)依靠后肢两足行走的恐龙。但始盗龙作为最早的恐龙,很有可能时不时还需要"手脚并用"地行走。

(4)始盗龙长有5根手指,而后来出现的食肉恐龙的手指数则趋于减少,到最后出现的暴龙等大型兽足类恐龙只剩下2根手指了。

(5)虽然始盗龙仍像它的主龙类祖先一样有5根脚趾,但第五趾已退化得非常小,第四趾在行进中起辅助支撑作用。它站立时主要依靠中间3根脚趾支撑全身的重量,它后来的兽足类子孙们都继承了这个特征。

始盗龙是一种蜥臀目(Saurischia)兽足亚目(Theropoda)小型恐龙,成年个体身长近1m,体重只有5~7kg,生活在2亿3 300多万年前,是最古老的恐龙之一。骨骼化石证明,它们动作灵敏,身手矫健。

埃雷拉龙个头较大,是一种蜥臀目兽足亚目埃雷拉龙科(Herrerasauridae)食肉恐龙,成年个体身长约5m,体重约180kg。生活在2亿3 100多万年前,是最古老的恐龙之一。骨骼细巧、尖牙利爪和后肢强健,善于快速奔跑,以捕猎小型动物为食。耳内有听小骨,显示其听觉敏锐。

图22 始盗龙正在三叠纪中期的雨林中捕猎
(Image Credit:deviantart.com)

图23　埃雷拉龙
(Image Credit：dustdevil.deviantart.com)

12. 哪一种恐龙最先被发现？

最先被发现的恐龙也许就是巨龙(*Megalosaurus*)(图24)。早在1676年，人们在英国牛津附近的康维尔(Cornwell)的采石场发现了一些远古动物的骨骼碎片化石，其中包括一个巨大的股骨下端(图25)。牛津大学化学教授兼阿什莫尔博物馆馆长罗伯特·普劳特(Robert Plot)研究了这些化石后，于1677年发表研究结果，认为是古罗马战象的遗骸。但因没有证据证明罗马人曾把战象带进英格兰，他又转而认为是圣经故事里的古代巨人的化石。此后，这些标本遗失，但留下了普劳特的详细描述和素描图。

1763年英国内科医生理查德·布鲁克斯(Richard Brookes)再度描述该化石，并首次用科学界刚开始推行的双名法命名*Scrotum humanum*，意思是"人的睾丸"，但一直未被科学界接受。虽然该命名具有优先性，但因超过50年未被采纳而失效。

从1815年开始，人们又在斯通菲尔德(Stonesfield)的采石场发现了许多与普劳特的描述和素描图相同的骨骼化石。牛津大学的地理学教授、古生物学家兼神学院院长威廉·巴克兰(William Buckland)(图26)研究了这些化石后,于1824年发表研究结果,认为是一种巨型爬行动物的化石,并进行了属的描述,命名巨龙。1827年英国妇产科医生吉迪昂·曼特尔(Gideon Mantell)(图27)又进行了属型种的描述,命名巴克兰氏巨龙(*Megalosaurus bucklandii*)。这是一种蜥臀目兽足亚目巨龙科(Megalosauridae)大型食肉恐龙,生活在英格兰南部距今约1亿6 600万年前的侏罗纪中期。其成年个体身长约9m,大头大嘴,尖牙利齿,刀状牙齿边缘有锯齿;前肢较短小,三指利爪;后肢粗大,两足行走;尾巴粗壮,利于平衡身体。

图24　巴克兰氏巨龙
(Image Credit：perso.orange.fr)

图25 发现于1676年的巨龙股骨下端化石
（Image Credit：en.wikipedia.org）

图27 英国妇产科医生吉迪昂·曼特尔
（Image Credit：en.wikipedia.org）

图26 英国古生物家威廉·巴克兰
（Image Credit：en.wikipedia.org）

13. 谁第一个发现了恐龙？

目前普遍认为，第一个发现恐龙化石的是英国妇产科医生吉迪昂·曼特尔。他1820年获得一些恐龙化石后就一直在进行研究，他的妻子玛丽·安（Mary Ann）（图28）为他的标本画钢笔素描。1822年他确定这些化石属于一种新发现的大型爬行动物，比巴克兰的巨齿龙研究早，但论文1825年才发表，比巴克兰晚。

图28　吉迪昂·曼特尔的妻子玛丽·安
（Image Credit：en.wikipedia.org）

关于恐龙的发现，长期以来一直伴随着一个传说。据说1822年，曼特尔的妻子在陪伴丈夫出诊期间，在英格兰西苏塞克斯郡（West Sussex）库克菲尔德市（Cuckfield）怀特曼斯格林（Whiteman's Green）的蒂尔盖特森林（Tilgate Forest）路边，捡到了一颗巨大的从未见过的牙齿化石（图29），由此发现了恐龙。然而，至今没有证据证明曼特尔出诊时曾带过妻子。而且，1851年曼特尔也承认，那颗牙齿化石是他自己发现的。他的笔记中也记载，早在1820年，就已在蒂尔盖特采石场（Tilgate Quarry）采集到了大型骨骼化石。曼特尔将其中一部分化石拼合成一个不完整的骨架（图30），并进行了科学的描述，正式命名为 Iguanodon，意思是"鬣蜥的牙齿（iguana-tooth）"。中国古生物学家杨钟健将其翻译为禽龙。

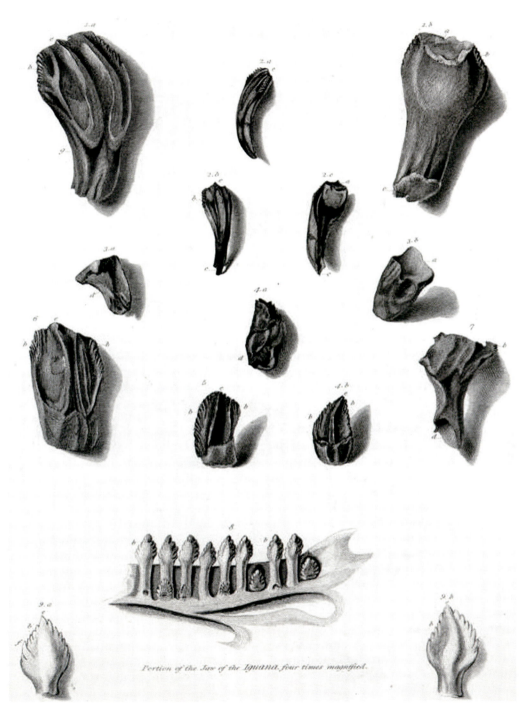

图29　曼特尔1825年论文里的恐龙牙齿化石插图
（Image Credit：en.wikipedia.org）

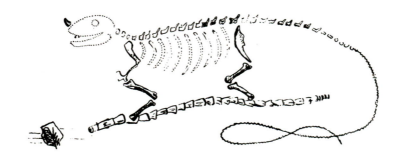

图30　曼特尔的禽龙骨架复原图
（Image Credit：en.wikipedia.org）

14. 禽龙是怎样的一种恐龙？

曼特尔描述和命名了禽龙，但后来的研究发现，他描述为禽龙的化石实际上并非属于一种恐龙。于是，这些化石被后来的学者重新分类和命名。此外，曼特尔的标本过于残缺，很难复原。直到比利时贝尼萨尔（Bernissart）发现了近乎完整的禽龙骨架化石，禽龙的真实面貌才逐渐清晰起来。经100多年的化石积累和深入研究，人们对禽龙的认识在不断更新。其中，贝尼萨尔禽龙（*Iguanodon bernissartensis*）研究程度最高。这是一种鸟臀目（Ornithischia）鸟脚亚目（Ornithopoda）禽龙科（Iguanodontidae）大型素食恐龙，主要生活在距今1亿2 600万～1亿2 500万年白垩纪早期今天的欧洲。它们喜欢群居，成年个体身长可达13m，身高可达4m，体重可达5t。叶状牙齿边缘有锯齿，后肢和尾巴粗壮，最显著特征是前肢拇指爪大而尖（图31）。

图31　贝尼萨尔禽龙复原图
（Image Credit：Cisiopurple）

15. 在中国最先被发现的恐龙是哪一种?

在中国最先被发现的恐龙是黑龙江满洲龙(*Mandschurosaurus amurensis*)(图32)。

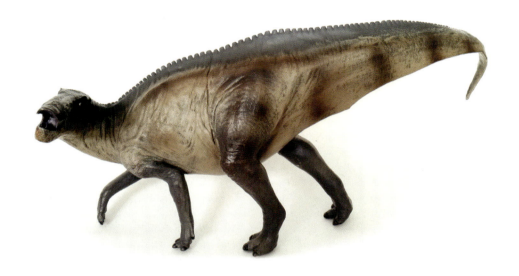

图32 黑龙江满洲龙
(Image Credit: ebay.com)

1902年俄军上校马纳金(B. K. Manakin)听说,在黑龙江对岸中国嘉荫县渔亮子附近,渔民从江水冲塌的江岸碎石中捡到一些大型动物的骨骼化石。他随即过江收购,并上报说发现了西伯利亚猛犸象化石。1914—1917年,俄国地质部门派雷宁加腾(B. X. Reningarten)组队到这个地点考察,将挖掘的化石运回圣彼得堡。1925年苏联古生物学家李亚宾宁(A. N. Riabinin)研究后,确定其中一具不完整骨架属于一种新发现的恐龙,命名黑龙江满洲龙。经修补架装,陈列在圣彼得堡中央地质和勘探博物馆(图33)。

1977—1979年间,黑龙江博物馆和黑龙江省地质局第一区域地质测量大队合作,在同一地点挖掘,获得众多恐龙骨架化石,其中包括黑龙江满洲龙。这是一种鸟臀目鸟脚亚目鸭嘴龙科(Hadrosauridae)大型素食恐龙,生活在约6 600万年前的白垩纪晚期今天的中国黑龙江流域。喜欢群居,成年个体身长超过9m,头骨低平,嘴扁,有几十排牙齿。

图33 陈列在俄罗斯圣彼得堡中央地质和勘探博物馆的
黑龙江满洲龙骨架化石
(Image Credit: elementy.ru)

16. 为什么说鱼龙不是恐龙?

鱼龙(Ichthyosaurs)(图34)和恐龙都生活在中生代,而且都被称为"龙",在生物学系统分类上,也都属于爬行动物纲,但却属于不同的亚纲,从外形到生活习性差异巨大。鱼龙和其他海生爬行动物一样,都属于调孔亚纲(Euryapsida),头骨只有一对上颞颥孔,缺少下颞颥孔。恐龙属于双孔亚纲(Diapsida),头骨有上、下两对颞颥孔。鱼龙为适应水中生活,演化成流线型体形,四肢和尾巴呈划水的桨状,并采取将卵在体内孵化出小鱼龙后再生出来的卵胎生生育方式。

图34 鱼龙
(Image Credit: en.wikipedia.org)

17. 为什么说翼龙不是恐龙?

翼龙(Pterosaurs)(图35)和恐龙都生活在中生代,而且都被称为"龙",在生物学系统分类上,也都属于爬行动物纲双孔亚纲,但却属于不同的演化支(Clade),从外形到生活习性上有很大的差异。翼龙为适应飞行,骨骼演化得非常轻巧纤细,并发育了和鸟类相似的具有发达龙骨突的胸骨,用于附着发达的飞行肌肉,前肢和极度延长的第四指骨,以及体侧之间衍生出宽大的皮膜飞行翼。

图35 翼龙
(Image Credit: en.wikipedia.org)

18. 最大的恐龙是哪一种？

霍尔梁龙（*Diplodocus hallorum*）是迄今为止已发现的最大的恐龙，成年个体从嘴巴的最前端到尾巴的最后端，长度可超过50m，臀高超过12m，因骨骼中空，体重并不太重，约55t，与一些个头比它小的恐龙相比还要轻。

这是一种蜥臀目蜥脚形亚目（Sauropodomorpha）梁龙科（Diplodocidae）的巨型素食恐龙，生活在距今1亿5400万～1亿5200万年的侏罗纪晚期，今天的北美中西部。喜欢群居，小脑袋，鼻孔长在头顶上，嘴前部上、下颌各伸出一排长而扁的牙齿，后部没有牙齿。吃东西时，将植物枝叶一大把一大把地咬下来，整个咽下去，一口也不嚼；胃里有平时吞进去的石头，依靠胃的蠕动来磨烂食物，以便消化。长脖子，长尾巴，四肢缓慢行走，后腿比前腿长而粗大，所以四肢着地时，屁股比肩膀高；每只脚有5个脚趾，其中的一个脚趾长着爪子。颈椎骨啮合方式，不允许它们把头抬到水平以上太高位置，但可灵活地向左右和下方活动。可毫无困难地把头伸到地面吃低处的植物，甚至可在岸边伸到水下吃水生植物，无须移动庞大笨重的身躯就可横扫吞食大面积的植物，必要时也可站起来吃高处的植物（图36）。

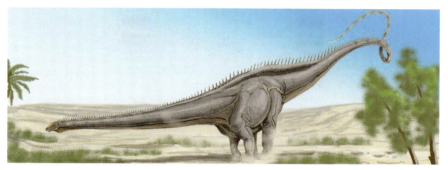

图36 霍尔梁龙在大口大口地进食
（Image Credit：en.wikipedia.org）

19. 最高的恐龙是哪一种？

完美海神龙（*Sauroposeidon proteles*）是迄今为止已发现的最高恐龙，抬起头可高达18m。

这是一种蜥臀目蜥脚形亚目的巨型素食恐龙，成年个体身长可达34m，体重50~60t。

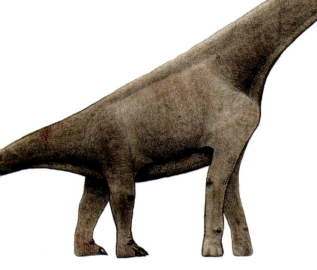

生活在距今1亿1 200万年前的白垩纪早期，今天的北美中南部。喜欢群居，小脑袋，脖子非常长。可以边走边抬起头吃高处植物，或低下头吃低处的植物，也是依靠胃里的石头磨烂食物（图37）。

图37 完美海神龙
（Image Credit：en.wikipedia.org）

20. 最重的恐龙是哪一种？

乌因库尔阿根廷龙（*Argentinasaurus huinculensis*）是迄今为止已发现的最重恐龙，骨骼厚实，成年体重可超过80t。

这是一种蜥臀目蜥脚形亚目泰坦龙类（Titanosauria）巨型素食恐龙，成年个体身长可超过30m，肩高可达7m。生活在距今9 700万～9 350万年的白垩纪晚期，今天的阿根廷境内（图38）。

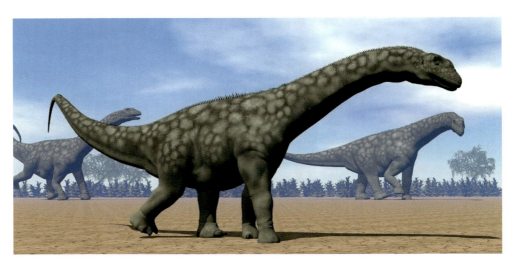

图38　乌因库尔阿根廷龙向水源和植物丰美的区域进发
（Image Credit：animalsake.com）

21. 中国最大的恐龙是哪一种？

中加马门溪龙（*Mamenchisaurus sinocanadorum*）是迄今为止中国已发现的最大的恐龙，也是亚洲最大的恐龙，成年个体身长26～35m，体重30～50t。

这是一种蜥臀目蜥脚形亚目马门溪龙科（Mamenchisauridae）的巨型素食恐龙，生活在距今1亿6 000万～1亿4 500万年的侏罗纪晚期，今天的中国新疆（图39）。

图39　中加马门溪龙漫步在河边树林中
（Image Credit：paleoguy.deviantart.com）

22. 最大的食肉恐龙是哪一种?

埃及棘龙（Spinosaurus aegyptiacus）是迄今为止已发现的最大的食肉恐龙。成年个体身长约15m，体重约10t。

这是一种蜥臀目兽足亚目棘龙科（Spinosauridae）的巨型食肉恐龙，生活在距今1亿1 200万～9 350万年的白垩纪，今天的北非一带。头长而窄，强有力的香蕉状牙齿，可咬碎动物的贝壳和骨头。前爪弯曲尖利，善于抓住滑溜溜的水生动物。它们生活在浅水区域和陆地，类似现代的鳄鱼，既捕食水里的动物，也猎食岸上的动物。

它们最鲜明的特征是背上长着一排高大的棘，包裹在皮肤或脂肪里，其功能令科学家们一直争议不休，有的认为是调节体温的皮膜，有的认为是储存脂肪和水的驼峰，有的认为是游泳时控制方向的背鳍，还有的认为这个东西在求偶时会呈现鲜艳色彩，等等（图40）。

图40　埃及棘龙
（Image Credit：en.wikipedia.org）

23. 中国最大的食肉恐龙是哪一种？

勇士特暴龙（*Tarbosaurus bataar*）是迄今为止中国已发现的最大的食肉恐龙。成年个体身长可达9～12m，体重4～5t。

这是一种蜥臀目兽足亚目暴龙科（Tyrannosauridae）大型食肉恐龙，生活在约7 000万年前的白垩纪晚期，今天的中国和蒙古国。它们可能长有原始的羽毛，是特别强悍的食肉恐龙，脸很窄，脑袋很大，长度可达1.3m，需要粗大沉重的尾巴平衡；巨大的嘴巴里满是错落有致的匕首状牙齿，牙齿边缘有锯齿；结实有力的颌部、"S"形粗短脖子肌肉发达，咬合力超强，犹如一台高效率的割肉机器。两个手指的前肢虽然细小，但非常有力；后肢特别粗壮，奔跑迅速(图41)。

图41　勇士特暴龙
（Image Credit：en.wikipedia.org）

24. 鼠龙是最小的恐龙吗?

鼠龙不是最小的恐龙。

1979年阿根廷古生物学家发表论文,描述了一种发现于巴塔哥尼亚地区的、个体很小的恐龙化石,身长仅20cm(图42),命名巴塔哥尼亚鼠龙(Mussaurus patagonicus),并认为是迄今为止发现的最小恐龙。但后来发现,这只是幼年个体,成年后身长可达3m,体重约70kg,其实并不算太小。

这是一种鸟臀目蜥脚形亚目鼠龙科(Mussauridae)小型素食恐龙,生活在约2亿零960万年前的三叠纪晚期,今天的阿根廷境内。它们长脖子,长尾巴,四脚行走,嘴里长满叶状小牙齿,适合将树叶撕成小片吞食,还不时吞下一些小石子,用来磨碎胃里的食物。

图42 巴塔哥尼亚鼠龙宝宝化石
(Image Credit: dinosauriaonline.com)

图43　巴塔哥尼亚鼠龙宝宝依偎在妈妈身边
（Image Credit：dinosauriaonline.com）

25. 最小的恐龙是哪一种？

赵氏小盗龙（*Microraptor zhaoianus*）是迄今为止发现的最小恐龙，成年个体身长70多厘米，体重约1kg。

这是一种蜥臀目兽足亚目小盗龙科（Microraptoridae）的小型恐龙，生活在1亿2 000万年前的白垩纪早期，今天的中国辽宁。它们体态轻盈，四肢指爪弯曲尖利，可牢牢抓住树枝或攀爬树干，在树上和地上都运动自如。身上不但长着羽毛，而且细长的四肢和长长的尾巴都长着真正的飞行羽毛。推测它们可用四肢的羽翼及长尾上的羽翼从一棵树飞行到另外一棵树，类似现代鼯鼠的飞行方式。有的研究者认为，因它们的后肢羽毛是长在胫骨一侧，这表明它的后翼不可能扇动，最多是滑翔（图44）。

图44　赵氏小盗龙在树枝上跳舞
（Image Credit：atrox1.deviantart.com）

26. 脑袋最大的恐龙是哪一种？

宽大牛角龙（*Torosaurus latus*）是迄今为止已发现的脑袋最大的恐龙，成年个体带有巨大颈盾的头骨长达2.77m，身长8～9m，体重4～6t。

这是一种鸟臀目角龙亚目（Ceratopsia）角龙科（Ceratopsidae）大型素食恐龙，生活在距今6 800万～6 600万年的白垩纪末期，今天的北美西部。它们最鲜明的特征是巨大的颈盾几乎可盖住半个后背。这是一个左右各开一个大孔的骨板，外面包上皮肤，形成一个巨大而并不十分沉重的盾状构造。眼睛上方长有两只长长的大尖角，鼻子上方长着一只短短的小尖角。身躯浑圆，四条粗腿。像现代的大象一样成群活动，漫步在当时的海岸平原，以低矮的植物为食。当它们低下大脑袋，用强有力的鸟喙般的嘴巴咬下植物的枝叶时，巨大的颈盾会竖起来，从很远的地方都能看到。这种颈盾的皮肤很可能有绚丽的色彩和花纹，用来求偶和宣示领地（图45）。

图45　宽大牛角龙
（Image Credit：ebay.com）

27. 脑袋最小的恐龙是哪一种？

窄脸剑龙（*Stegosaurus stenops*）是迄今为止已发现的脑袋最小的恐龙，成年个体的脑重量约70g，而体重却超过4t，脑重量占体重的比例仅几十万分之一！

这是一种鸟臀目剑龙亚目（Stegosauria）剑龙科（Stegosauridae）大型素食恐龙，生活在距今1亿5 500万～1亿5 000万年的侏罗纪晚期，今天的美国西部。成年个体身长7～12m，粗壮有力的尾巴末端有两对长长的尖刺，是防御掠食动物攻击的有效武器。小脑袋，短脖子，嘴前部没牙齿，后部两侧排列叶状牙齿，壮硕的身躯，四条粗腿。成群活动，以低矮的植物为食。

它们最显著的特征是背上长着17～22个呈两排交错排列的骨板。科学家们对骨板的功能一直众说纷纭，最初认为是一种防御装甲，但很快就被否定，因为这些骨板的排列并不能起到有效的防御作用。目前多数人认为，骨板化石上保留的血管印痕可能暗示这些骨板具有调节体温的功能，或在求偶时为了显示性别，或在受到威胁时为了发出警告而呈现鲜艳的色彩（图46）。

图46　窄脸剑龙正吃得津津有味
（Image Credit：kimthompsonartist.com）

28. 剑龙有第二个大脑吗?

早在19世纪,美国古生物学家奥塞内尔·查利斯·马什(Othniel Charles Marsh)对窄脸剑龙化石进行描述后不久,就注意到它的脊椎神经管在骶—腰部骤然膨大,形成一个空腔,比它那个著名的小脑袋大20倍。于是突发奇想:剑龙可能有第二个大脑!因为它那个小脑袋指挥控制如此庞大的身躯,似乎不够用。也许前面的小脑袋管前半身,后面较大的第二大脑管后半身。甚至有人进一步猜想:当剑龙遭受攻击时,第二大脑会更有效地指挥控制它粗壮有力的尾巴,用杀伤力巨大的尾刺实施反击。这个说法曾广为流传,一度成为趣谈。但后来许多科学家发现,这是骶—腰部空腔膨大的现象在蜥脚类恐龙,甚至鸟类身上都有存在,并不稀罕。现代医学研究已经证实,那并非什么第二大脑,而是一个储存糖原小体的腔室,糖原小体是一种由蛋白质和糖原组成复合体,用来促进向神经系统供应糖原。

29. 脑袋最结实的恐龙是哪一种?

怀俄明厚头龙(*Pachycephalosaurus wyomingensis*)是迄今为止已发现的脑袋最结实的恐龙,成年个体头盖骨厚达25cm,隆起呈一个大圆顶,结构致密坚硬,圆顶后边缘长着一些错落有致的骨质瘤状突起和刺。

这是一种鸟臀目厚头龙亚目(Pachycephalosauria)厚头龙科(Pachycephalosauridae)恐龙,生活在距今7 000万~6 600万年的白垩纪末期,今天的美国西部。成年个体身长约4.5m,体重450kg;嘴尖,牙齿细小,齿冠叶状,嘴上方长着一些短而钝的刺;"S"形或"U"形弯曲的粗短脖子,前肢小,后肢长,两足行走;身躯庞大,尾巴肌腱骨化,有成束的棒状骨从尾椎生出,使尾巴变得僵硬(图47)。

对于它们加厚的头盖骨,通常的解释是在争夺配偶和领地时用来撞击对手的,就像现代的大角羊和麝香牛那样。根据它们弯曲的脖子,猜想它们主要从侧面相互撞击。但这种推测一直有争议,反对的观点认为它们的脑袋不可能承受持续不断的猛烈冲击。不过,随着近年对它们的头骨化石研究的深入,发现其中许多标本都有冲击创伤引起骨质感染留下的凹坑,说明它们确实存在撞击打斗的行为。

千姿百态的恐龙世界：恐龙科普知识百问

图47 怀俄明厚头龙
(Image Credit:arvalis.deviantart.com)

30. 冠冕最长的恐龙是哪一种?

沃克氏副栉龙(Parasaurolophus walkeri)是迄今为止发现的冠冕最长的恐龙(图48),成年个体头上有一个中空的冠,特别是雄性个体的冠格外发达,从头骨向后可伸出近1.8m。

这是一种鸟臀目鸟脚亚目鸭嘴龙科的大型素食恐龙,生活在距今7 650万~7 300万年的白垩纪晚期,今天的北美。它们成群活动,四肢强健,前肢比后肢稍微短小些。吃低矮植物时,四肢行走;吃高处植物时,可后肢站立行走。遇到危险可站起来奔跑,用粗大的尾巴平衡身体,或跳进水里,用粗大的尾巴摆动游泳,快速逃避。

它们头上那个奇特的冠冕,究竟有什么功能?对这个问题科学家们有多种猜想:有的认为是潜入水下吃水生植物时的通气管,但很快就被否定,因为管子的顶端并没有孔;有的认为是一种性别特征,可能在求偶时会膨胀并呈现鲜明的色彩,但这并没有确切的证据支持;有的认为是钻树林时,用来清除树枝、藤蔓等障碍物的工具,但这似乎实施起来效果并不好。目前较普遍的看法是一种管状共鸣腔,有人按1:1比例做了个精确的模型,进行吹气试验,竟然发出十分洪亮的号角声,从而认为:这是一种类似喇叭的扩音器,可能用于恐龙之间进行远距离联络、识别及报警。

图48 沃克氏副栉龙
(Image Credit: ebay.com)

31. 犄角最长的恐龙是哪一种？

糙骨三角龙（*Triceratops horridus*）是迄今为止发现的犄角最长的恐龙（图49），有3只尖利的角：鼻端1只短的，双眼上方各1只长的。眼睛上方的骨质角核部长度可达1.15m，活着时一定更长，因为外面还有角质套。

这是一种鸟臀目角龙亚目角龙科大型素食恐龙，生活在距今6 800万～6 600万年的白垩纪末期，今天的北美西部。成年个体带有巨大颈盾的头骨可长达1.98m，身长可超过7m，身高超过2.3m，体重超过5t。颈盾的骨板没有开孔，这一点区别于其他大部分角龙类恐龙。角质喙嘴，身躯浑圆，4条粗腿。像现代的大象一样成群活动，主要以低矮的植物为食。

图49　糙骨三角龙进入丛林
（Image Credit：swordlord3d.deviantart.com）

32. 三角龙和牛角龙怎么区别?

三角龙与牛角龙个头和形象差不多,都是硕大的脑袋后面带一个巨大的颈盾,两只眼睛上方各有一个大长角,鼻子上方一个小短角,强有力的鸟喙般的嘴巴,浑圆的身躯,4条粗腿,乍一看还真的不好区别。但它们最主要的区别在颈盾上:三角龙的颈盾没有开孔,而牛角龙的颈盾左右各开了一个很大的孔(图50)。

图50 三角龙(上)的颈盾没有开孔,而牛角龙(下)的颈盾左右各开了一个很大的孔
(Image Credit:en.wikipedia.org)

33. 爪子最大的恐龙是哪一种?

龟型镰刀龙(*Therizinosaurus cheloniformis*)是迄今为止已发现的爪子最大的恐龙,成年个体的爪子可长达1m(图51)。

这是一种蜥臀目兽足亚目镰刀龙科(Therizinosauridae)大型杂食恐龙,生活在7 000万年前的白垩纪晚期,今天的蒙古国。它们身上可能长有原始的羽毛,成年个体身长可达10m,体重约5t。小脑袋,长脖子,大腹便便的身躯庞大而笨重,两脚行走。最引人注目的特征是2.5~3.5m长的前肢竟然长着3个巨大的爪子!最长的中指爪可长达1m,最短的爪子也有70cm长,如果加上指甲就更长了。如此巨大的爪子,究竟是用来干什么的?有的古生物学家猜测是用来觅食的,如挖掘蚁巢、蠕虫及植物块茎等,进而认为它们的食谱可能包括植物和小型动物。它们的大肚子可以容纳很大的胃和很长的肠道,显然还是以吃植物为主(图52)。

图51 龟型镰刀龙巨大的爪子
(Image Credit:en.wikipedia.org)

图52 龟型镰刀龙
(Image Credit:en.wikipedia.org)

34. 跑得最快的恐龙是哪一种？

福克斯氏棱齿龙（Hypsilophodon foxii）是迄今为止已发现的跑得最快的恐龙（图53），其奔跑速度可达65km/h。

这是一种鸟臀目鸟脚亚目棱齿龙科（Hypsilophodontidae）小型素食恐龙，生活在距今1亿3 000万～1亿2 500万年的白垩纪早期，今天的美国亚利桑那州一带。成年个体大多身长约1.5m，最大的个体可达1.8m，体重不到20kg。体态轻盈，大腿骨短，小腿骨修长优美。腿部大部分肌肉牵引大腿骨，意味着其大部分体重集中在腿和臀上，而腿的其余部分较轻，反映了其善于快速奔跑的特性。其脚印化石也显示，步距竟达3.6m，计算其奔跑速度可达65km/h。这种小型素食恐龙不能像大型素食恐龙那样用巨大的体量和强大的力量来对抗食肉动物的攻击，它们唯一的防身绝活就是快跑，如果跑不过捕猎者就无法生存，所以它们的奔跑速度和技巧比跑得最快的食肉恐龙奔龙（Dromaeosaurus）要略高一筹。

图53 福克斯氏棱齿龙
（Image Credit：Daniel Roig，2010）

35. 眼睛最大的恐龙是哪一种？

阿尔伯特奔龙(*Dromaeosaurus albertensis*)是目前已知的眼睛最大的恐龙，它们的头骨化石显示眼睛直径可达8cm(图54)。

这是一种蜥臀目兽足亚目奔龙科(Dromaeosauridae)小型食肉恐龙，生活在距今7 650万～7 480万年的白垩纪晚期，今天的加拿大阿尔伯特省、美国西部及阿拉斯加。成年个体身长约2m，体重约15kg，身上长着羽毛。头大，眼睛大，嘴巴大，牙齿数目多，尖利而且边缘有锯齿；前肢长，每只手3个长爪子与1个短爪子对生，善于抓握；两脚行走，后肢强壮善奔跑，每只脚第二脚趾特化，向上弯曲，发育一个锋利的大爪子，是攻击猎物的有效武器；尾巴长，肌腱骨化，有成束的棒状骨从尾椎生出，使尾巴变得僵硬。它们成群活动，身手矫健，捕猎凶猛(图55)。

图54　阿尔伯特奔龙头骨化石，眼眶孔很大
(Image Credit：people.ohio.edu)

图55　阿尔伯特奔龙
(Image Credit：Fred Wierum，2017)

36. 牙齿最大的恐龙是哪一种？

君王暴龙(*Tyrannosaurus rex*)，俗称"霸王龙"，是迄今为止发现的牙齿最大的恐龙，成年个体带锯齿的像切肉刀一样的牙齿，长度超过15cm(图56)。

这是一种蜥臀目兽足亚目暴龙科大型食肉恐龙(图57)，生活在距今6 800万～6 600万年的白垩纪末期，今天的北美。成年个体身长可达12.3m，臀高可达3.66m，体重可超过9t，块头和亚洲的特暴龙不相上下。它们身上可能长有原始的羽毛，是特别强悍的食肉恐龙，硕大的脑袋可长达1.5m，所以需要粗大沉重的尾巴平衡；脸比亚洲的特暴龙宽大，巨大的嘴巴里满是错落有致的匕首状牙齿，牙齿边缘有锯齿；

图56　君王暴龙巨大的牙齿
(Image Credit：en.wikipedia.org)

图57 君王暴龙
(Image Credit：fineartamerica.com)

结实有力的颌部、"S"形粗短脖子肌肉发达，咬合力超强，犹如一台高效率的割肉机器。两个手指的前肢虽然细小，但非常有力；后肢特别粗壮，奔跑迅速。

37. 暴龙和特暴龙怎么区别？

北美的君王暴龙与东亚的勇士特暴龙个头和形象差不多，都是大块头，大脑袋，大嘴巴，满嘴锋利的大牙齿，两个爪子的小手，粗壮的大腿和尾巴，乍一看还真的不好区别。但仔细看，还是有区别的。主要的区别是：君王暴龙粗壮些，勇士特暴龙苗条些（图58）；君王暴龙的脸宽（图59），勇士特暴龙的脸窄（图60）。

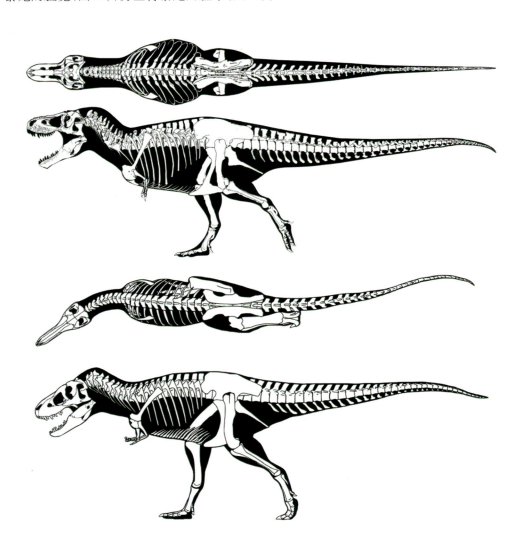

图58　君王暴龙（上）粗壮些，勇士特暴龙（下）苗条些
（Image Credit：deviantart.com and Karol Sabath，2005）

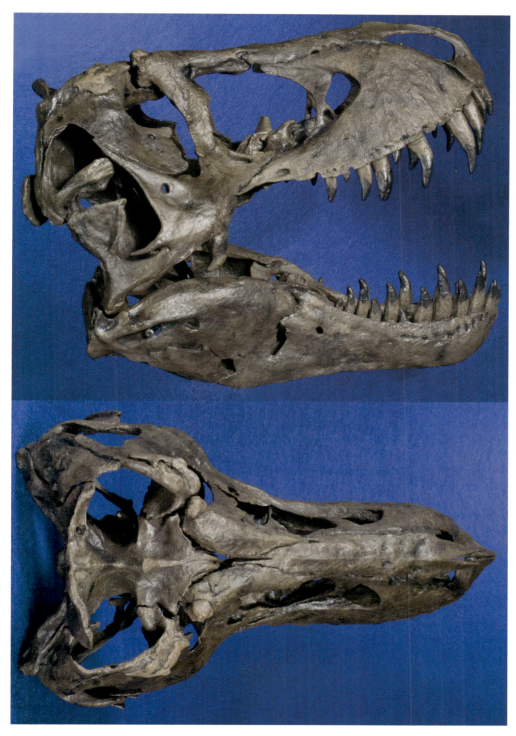

图59 君王暴龙脸宽
(Image Credit: people.ohio.edu)

图60　勇士特暴龙脸窄
（Image Credit：people.ohio.edu）

38. 牙齿最多的恐龙是哪一种?

鸭嘴龙类恐龙是迄今为止已发现的牙齿最多的恐龙,牙齿多达上千颗。

这是一种鸟臀目鸟脚亚目鸭嘴龙科恐龙,虽然是以鸭嘴龙(*Hadrosaurus*)为代表,但因鸭嘴龙的化石太残缺,科学家们对它们的了解主要来自数量较多、保存较完整的帝王埃德蒙顿龙(*Edmontosaurus regalis*)。这种大型素食恐龙生活在距今7 300万～6 600万年的白垩纪晚期至末期,今天的北美。成年个体身长9～13m,体重约4t。头骨长,雄性个体头顶有发达的冠，嘴宽而扁，颌骨两侧各排列数百颗细小的菱形牙齿，相互重叠，形成切磨面（图61），旧的牙齿磨光了，新长出来的牙齿补充上来，发达的关节系统和强壮的肌肉灵活地推动上下颚牙齿交错咬动，能把坚韧的植物纤维切断研磨成糊状，如同高效率的进食机器，适应了由温暖潮湿的侏罗纪转变为较干旱的白垩纪所引起的植物粗糙化。四肢都有蹄爪和脚掌肉垫，后肢比前肢长而粗壮，但前肢仍有足够的长度着地，所以它们既可两脚也可四脚行走。脊骨在肩膀区段向下弯曲，采用低姿势行走，可边走边吃接近地面的低矮植物（图62）。

图61 帝王埃德蒙顿龙细小的菱形牙齿化石
（Image Credit：fossilera.com）

图62 帝王埃德蒙顿龙
（Image Credit：dkfindout.com）

39. 牙齿最多的食肉恐龙是哪一种？

沃克氏重爪龙(*Baryonyx walkeri*)是迄今为止已发现的牙齿最多的食肉恐龙，以捕食鱼类为生。牙齿比其他肉食恐龙多1倍，下颚两边各长32颗锋利的牙齿，比其他肉食恐龙的牙齿更有利于刺入滑溜溜的鱼类身体。

这是一种蜥臀目兽足亚目棘龙科大型食肉恐龙，生活在距今1亿3 000万～1亿2 500万年的白垩纪早期，今天的英格兰、西班牙一带。成年个体身长可超过10m，体重约1.7t。头扁长，类似鳄鱼的头，牙齿圆锥形，虽不利于切割肉体，但有利于刺穿鱼类；前肢强壮，有3只强有力的手指，拇指特别粗大，有一个超过30cm长的重型钩爪(图63)，由此得名重爪龙(图64)。

图63　沃克氏重爪龙前肢的大爪子
(Image Credit: en.wikipedia.org)

图64 沃克氏重爪龙
(Image Credit:en.wikipedia.org)

40. 最大的装甲恐龙是哪一种?

巨大多智龙(*Tarchia gigantea*)是迄今为止已发现的最大的装甲恐龙(图65),成年个体身长可达8~8.5m。

这是一种鸟臀目装甲亚目甲龙科(Ankylosauridae)大型素食恐龙,生活在距今7 500万~7 000万年的白垩纪晚期,今天的蒙古国。成年个体脑袋扁平,长约40cm,宽约45cm,脑容量在甲龙类恐龙中最大,可能也是最聪明的,所以被命名多智龙。头顶由球根状、多边形鳞甲构成。身体扁平低姿态,四条短腿站立行走。整个背部由装甲带保护,每个装甲带是由一系列嵌入在厚皮肤上的厚甲板组成,每个甲板上有一个角刺。尾巴棒状,肌肉发达,末端有骨质尾锤,可向两边挥动反击袭击者。

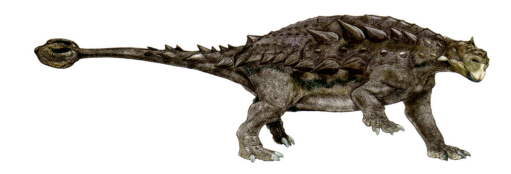

图65 巨大多智龙
(Image Credit:en.wikipedia.org)

41. 装甲最重的恐龙是哪一种？

全防护包头龙（*Euoplocephalus tutus*）是迄今为止已发现的装甲最重的恐龙（图66），甚至连眼皮上都有装甲闭合板。

这是一种鸟臀目装甲亚目甲龙科中型素食恐龙，生活在距今7 640万～7 560万年的白垩纪晚期，今天的加拿大阿尔伯特一带。成年个体身长约5.5m，身宽约2.4m，四脚站立时身高约1.3m，体重2.5t。脑袋扁平，完全被装甲包裹，脑壳厚实，脑容量很小。身体扁平低姿态，4条短腿站立行走，后肢比前肢大。整个背部由装甲带保护，每个装甲带是由一系列嵌入在厚皮肤上的厚甲板组成，每个甲板上有一个角刺或瘤。肩背部甲板上有较大的角刺。背部脊椎与肋骨融合支持重装甲，臀部的几节脊椎融合成一根棒子。尾巴棒状，肌肉发达，末端有骨质尾锤，可向两边挥动反击袭击者。

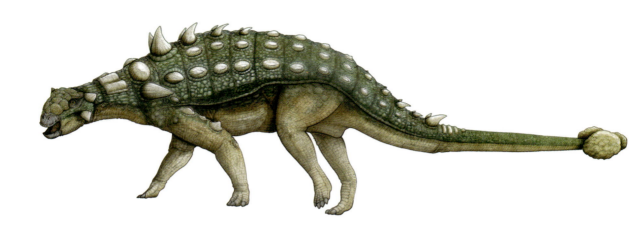

图66　全防护包头龙
（Image Credit：en.wikipedia.org）

42. 装甲最全的恐龙是哪一种？

库尔三美甲龙（*Saichania chulsanensis*）是迄今为止发现的装甲最全面的恐龙（图67），不仅背上，而且腹部都包有装甲。

这是一种鸟臀目装甲亚目甲龙科大型素食恐龙，生活在距今7 500万～7 000万年的白垩纪晚期，今天的蒙古国和中国。成年个体身长超过5m，体重超过2t。装甲比其他甲龙科的恐龙更严实。脑袋扁平，有球状甲板保护。颈椎、肩带、肋骨及胸骨融合或加固连接，以支持厚重的皮内骨板装甲。身体扁平低姿态，4条短腿站立行走，前肢非常强有力，能用尾棒反击特暴龙那样巨大而凶猛的袭击者。

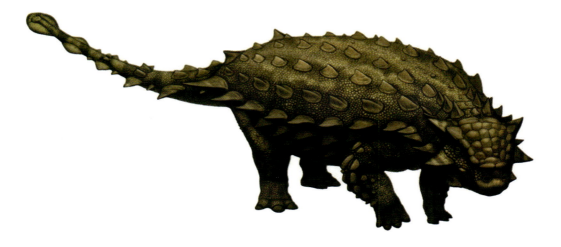

图67　库尔三美甲龙
（Image Credit：en.wikipedia.org）

43. 最聪明的恐龙是哪一种？

闻名伤齿龙（*Troodon formosus*）是迄今为止已发现的最聪明的恐龙（图68），生活在白垩纪晚期的加拿大，是一种小型食肉恐龙，它们的脑容量与身体大小的比例是恐龙中最高的，根据与现代动物的对比测算，它们的智商（IQ）可能高达5.3，远超过现代袋鼠的0.7！比其他爬行动物都高，和一些鸟类差不多，也许是最聪明的恐龙。

这是一种蜥臀目兽足亚目伤齿龙科（Troodontidae）小型食肉恐龙，生活在距今7 750万～7 650万年的白垩纪晚期，今天的北美。成年个体身长约2m，身高约1m，体重约60kg。头骨轻巧，脑腔结构类似现代鸵鸟的脑腔结构，一双大眼睛位置靠前，而不像其他多数恐龙那样在侧面，因此具有良好的立体视觉，可以较准确地判断所见东西的距离。牙齿边缘有锯齿，所以被命名伤齿龙，即"具有杀伤力牙齿"的恐龙。四肢修长，长手臂可像鸟类那样向后折起，拇指和其他手指相对，善于抓握；长腿善于奔跑，第二脚趾拥有锋利的镰刀形大爪子，奔跑时可缩回抬起。

图68　闻名伤齿龙
（Image Credit：Mohamad Haghani，2014）

44. 最笨的恐龙是哪一种？

普遍认为剑龙类恐龙是最笨的恐龙（图69）。

它们体型巨大，成年个体身长7～12m，体重超过4t，脑袋却很小，大脑仅几十克，只有核桃那么大，从脑容量与身体大小的比例看，显然是最笨的，但这并不影响它们生存繁衍2 900万年。它们以群体游牧的方式与其他素食动物一同生活，巨大壮硕的体态，背上成排的骨板或尖刺,加上强有力尾巴上具有可怕杀伤力的4根长刺,足以威慑或反击各种食肉动物。它们以植物为食,性情温和,动作迟缓,在植物资源丰富的自然环境里,不用太动脑子就可吃饱喝足,所以笨点也没啥。

图69　剑龙在风沙中行进
(Image Credit：dinodata.de)

45. 最美的恐龙是哪一种?

邹氏尾羽龙(*Caudipteryx zoui*)也许是最美的恐龙。它们有着明亮的大眼睛,柔美的长脖子,身形矫健,两条大长腿,特别是成年雄性,身上长着艳丽的羽毛,胳膊下长着一排类似翅膀的羽毛,短尾巴末端有漂亮的扇状尾羽(图70)。

这是一种蜥臀目兽足亚目尾羽龙科(Caudipteridae)小型食肉恐龙,生活在1亿2 460万年前的白垩纪早期,今天的中国辽宁。成年个体大小和现代孔雀差不多,头骨短而高,鸟喙状的嘴,除了几颗门牙外,嘴里没有牙齿,进食时直接吞咽。胃里有许多小石子,用来磨烂食物,帮助消化。

从它们的身体结构看,显然不具备飞行能力。所以,它们身上美丽的羽毛并不是用来飞行的。这说明恐龙身上演化出的羽毛最初用途并不是为了飞行,很可能是为了保持体温,或在求偶时用来吸引异性。如果确实是为了保持体温,那么有羽毛的恐龙很可能像鸟类和哺乳动物一样,是具有恒定体温的温血动物,它们的心脏构造及血液循环系统比一般的爬行动物先进得多。

图70　邹氏尾羽龙
(Image Credit：fineartamerica.com)

46. 最丑的恐龙是哪一种？

霍格华兹龙王龙（*Dracorex hogwartsia*）也许是最丑的恐龙。它们的大长脸满是坚硬的疙瘩和刺，脑袋上还有两个犄角和许多大大小小的角刺，面目狰狞（图71、图72）。

这是一种鸟臀目厚头龙亚目（Pachycephalosauria）厚头龙科（Pachycephalosauridae）素食恐龙，生活在约6 600万年前的白垩纪末期，今天的北美。身长约2.4m。有的研究者认为它们只是厚头龙（*Pachycephalosaurus*）（见图47）的幼年阶段，并不是一个新的物种，成年后头骨会加厚呈圆顶状隆起。

图71　霍格华兹龙王龙是这样一副嘴脸
(Image Credit：dinosaurpictures.org)

图72 霍格华兹龙王龙正冲向对手进行撞击决斗
（Image Credit：en.wikipedia.org）

47. 恐龙都长着羽毛吗？

恐龙并不是都长着羽毛。

迄今为止，只是蜥臀目兽足亚目的一些恐龙有化石证据证明长着羽毛，它们的皮肤和鸟类的相似。如，原始中华龙鸟（Sinosauropteryx prima）（图73）、华丽羽暴龙（Yutyrannus huali）（图74）、千禧中华鸟龙（Sinornithosaurus millenii）（图75）长着类似雏鸟身上的丝状绒羽，邹氏尾羽龙长着有羽轴和羽片组成但不能飞行的羽毛（图76），顾氏小盗龙（Microraptor gui）长着真正的飞行羽毛（图77）等（注意，其中的中华龙鸟其实是恐龙，不是鸟，因最初的分类命名错误，被归入鸟类。但按科学界的命名优先律原则，以最初的命名为准，所以继续沿用）。

其他恐龙大多还没发现有长羽毛的化石证据。鸟臀目鸟脚亚目角龙科中有的恐龙尾巴上方长着长长的鬃毛，如安德鲁斯氏原角龙（Protoceratops andrewsi）和蒙古鹦鹉嘴龙（Psittacosaurus mongoliensis）等（图78），鸭嘴龙科的埃德蒙顿龙身上长着厚实的皮革状皮肤（图79），装甲亚目恐龙身上长着一系列嵌入厚皮肤上的骨板，等等，都没有羽毛。

图73 原始中华龙鸟化石,可见它从脑袋、脖子、背部直到整个尾巴都长着柔软的绒毛
(Image Credit:en.wikipedia.org)

图74 华丽羽暴龙化石,从头到尾长着丝状绒羽
（Image Credit：en.wikipedia.org）

图75 千禧中华鸟龙化石,虽然从头到尾仍是丝状绒羽,但手臂已长出类似短小翅膀的一排羽毛
（Image Credit：en.wikipedia.org）

图76 邹氏尾羽龙化石,可见手臂长着类似短小翅膀的一排羽毛,短尾巴末端长着一束扇状尾羽,以及胃里用来磨碎食物的一堆小石子
(Image Credit:en.wikipedia.org)

图77 顾氏小盗龙化石，四肢都长着飞行羽毛组成的翅膀，尾巴也长着控制飞行方向和平衡姿态的尾羽
（Image Credit：en.wikipedia.org）

图78 蒙古鹦鹉嘴龙化石，可见尾巴上方长着长长的鬃毛
（Image Credit：en.wikipedia.org）

图79 埃德蒙顿龙的皮肤化石
（Image Credit：earthphysicsteaching.homestead.com）

48. 原始中华龙鸟是怎样的一种恐龙？

原始中华龙鸟是第一个有化石证据证明的长毛的恐龙(图80)，于1996年首次被描述命名。

这是一种蜥臀目兽足亚目秀颌龙科(Compsognathidae)小型食肉恐龙，生活在距今1亿2 460万～1亿2 200万年的白垩纪早期，今天的中国辽宁。目前发现的最大个体身长1.07m，体重约550g。前肢比后肢小，两条长腿善于奔跑。

图80　原始中华龙鸟
(Image Credit：en.wikipedia.org)

49. 华丽羽暴龙是怎样的一种恐龙？

华丽羽暴龙，顾名思义就是长着华丽羽毛的暴龙，是迄今为止已发现的最大的长毛恐龙，于2012年首次描述命名。

这是一种蜥臀目兽足亚目暴龙超科(Tyrannosauroidea)大型食肉恐龙，生活在距今1亿2 460万年前的白垩纪早期，今天的中国辽宁。已发现的最大个体身长可达7.5m，体重可超过1t。脑袋长90.6cm，眼眶后上角各有一个突起的小尖角，鼻梁中线有鼻骨和前额骨形成的一道冠状突起。基本形态与其他大多数暴龙类恐龙相似，不同的是前肢稍大，有3指(图81)，而不像其他许多暴龙类恐龙那样，前肢特短小，只有2指。羽暴龙的发现说明，暴龙类恐龙，包括著名的君王暴龙(霸王龙)、勇士特暴龙，可能都是长毛的。

图81 华丽羽暴龙
(Image Credit：en.wikipedia.org)

50. 千禧中华鸟龙是怎样的一种恐龙？

千禧中华鸟龙是第一个有化石证据证明长着毒牙的恐龙，于1999年首次描述命名。

这是一种蜥臀目兽足亚目奔龙科（Dromaeosauridae）小型食肉恐龙，生活在距今1亿2 460万～1亿2 200万年的白垩纪早期，今天的中国辽宁。成年个体身长1m左右，体重约3kg。上颌中段的长牙后侧都有一条明显的沟，并与上颌骨内的带状空腔相连，与许多现代有毒动物的毒腺-毒牙构造类似。显示它们可通过毒腺分泌毒液，输入牙齿底部，汇入牙齿后侧沟内。当它们的毒牙刺进猎物身体时，毒液即随之注入，可快速制服猎物。它们四肢修长，手臂有羽毛组成的小翅膀，全身长着绒毛。骨骼轻巧，体形矫健，行动敏捷（图82）。

图82 千禧中华鸟龙捉到一只大蜻蜓
(Image Credit：myjurassicpark.com)

51. 顾氏小盗龙是怎样的一种恐龙？

顾氏小盗龙是第一个有化石证据证明的四翅膀恐龙，于2000年首次被描述命名。

这是一种蜥臀目兽足亚目小盗龙科（Microraptoridae）的小型恐龙，生活在距今1亿2 000万年前的白垩纪早期，今天的中国辽宁。目前发现的最大个体身长1.2m，双臂和双腿都长着真正的飞行羽毛组成的翅膀，长长的尾巴也长着羽毛，至少已具备了在树木之间进行滑翔飞行的能力（图83）。

图83　顾氏小盗龙在雨中飞翔
（Image Credit：rareresource.com）

52. 安德鲁斯氏原角龙是怎样的一种恐龙？

安德鲁斯氏原角龙在系统分类上属于鸟臀目新角龙下目（Neoceratopsia）原角龙科（Protoceratopsidae）（图84），生活在距今7 500万~7 100万年的白垩纪晚期，今天的蒙古国和中国内蒙古。成年个体身长1.8m，肩高0.6m，体重180kg；头骨带有一个颈盾，颈盾上左右各有一个大孔,从而减轻了重量;没有角,鸟喙式的大嘴,多列牙齿,适合咀嚼坚硬的植物;拱背,四脚行走,尾巴上部长着鬃毛,成群活动,挖掘洞穴居住。

图84 安德鲁斯氏原角龙
(Image Credit:Antonin Jury,2015)

53. 蒙古鹦鹉嘴龙是怎样的一种恐龙?

蒙古鹦鹉嘴龙在系统分类上属于鸟臀目角龙亚目(Ceratopsia)鹦鹉嘴龙科(Psittacosauridae)小型素食恐龙(图85),生活在距今1亿2 320万~1亿年的白垩纪早期,今天的蒙古国和中国。最大身长可达2m,通常1m多,体重可超过20kg。长着酷似鹦鹉的嘴,尾巴上方长着长长的鬃毛。

图85 蒙古鹦鹉嘴龙
(Image Credit:en.wikipedia.org)

54. 有长着兔子那样的大门牙的恐龙吗？

高德氏大门牙龙（*Incisivosaurus gauthieri*）就长着兔子那样的大门牙（图86）。

这是一种蜥臀目兽足亚目盗蛋龙科的小型恐龙，生活在1亿2 600万年前的白垩纪早期，今天的中国辽宁。头骨长约10cm，最显著的特征是长着一对大门牙，像现代的兔子那样。从牙齿上有植物纤维造成的磨损面，表明它们是由食肉恐龙中分异出来的素食恐龙，就像现代大熊猫那样。由于这种恐龙目前仅发现了头骨和部分颈椎化石，还无法推测它们的身长及体重。

盗蛋龙类是非常特化的恐龙，头骨短而高，大多没有牙齿。高德氏大门牙龙是迄今为止已发现的最原始的盗蛋龙。因盗蛋龙类具有许多类似鸟类的特征，一些研究者就以为这类恐龙和鸟类关系很近，甚至就是不会飞行的鸟类。但大门牙龙的发现表明这一观点是错误的。大门牙龙并没有其他盗蛋龙所具有的鸟类特征，这表明盗蛋龙类和鸟类的关系相对较远，那些类似鸟类的特征是独立演化出来的。

图86 高德氏大门牙龙的脑袋和脖子的复原图
（Image Credit：en.wikipedia.org）

55. 有身上长刺的恐龙吗？

伊昔欧比亚尖刺龙（*Kentrosaurus aethiopicus*）就是身上长刺的恐龙（图87）。

这是一种鸟臀目剑龙亚目剑龙科的中型素食恐龙，生活在约1亿5 200万年前的侏罗纪晚期，今天的东非。成年个体身长约4.5m，体重约1t。前肢比后肢短小，四足行走，可用后肢站立吃高处的植物。有一个小而长的脑袋，用尖尖的喙嘴咬下植物的枝叶，经两颊细小的牙齿咀嚼后，吞进有庞大的肠胃消化系统的肚子。和其他素食恐龙一样，每天要花费大量的时间进食。它们显著的特征是，沿着脖子和背长着两排小骨板，这些骨板逐渐在腰部和尾部变为刺。最长的刺在尾端，两个肩膀还各有一根长刺。

图87　伊昔欧比亚尖刺龙
（Image Credit：en.wikipedia.org）

56. 恐龙会游泳吗？

古生物学家认为，所有的恐龙都会游泳。

虽然有的恐龙游泳姿势可能不会很优雅，但它们确实会游泳。想想现代的猪、狗、马、虎、熊和象等动物，虽然它们的体型看起来不像是会游泳的，但实际上都很会游泳。半水生的恐龙更是游泳高手，如巨大的埃及棘龙（图88）和娇小的华城高丽角龙（*Koreaceratops hwaseongensis*）（图89）。

图88 身长达15m的埃及棘龙是游泳高手
（Image Credit：nytimes.com）

图89 身长仅1.67m的华城高丽角龙在河里畅游
（Image Credit：dinosaurpictures.org）

57. 华城高丽角龙是怎样的一种恐龙？

华城高丽角龙在系统分类上属于鸟臀目新角龙下目，生活在1亿零300万年前的白垩纪早期，今天的韩国境内。根据目前唯一的残缺骨架化石，估算身长约1.67m。最显著特征是尾椎上一排高高的神经棘，构成了划水的尾桨，说明它们经常生活在水里（图90）。

图90　华城高丽角龙
（Image Credit：fineartamerica.com）

58. 有会飞行的恐龙吗？

化石证据已证明，至少有一些恐龙能够进行飞行，如长着4个翅膀的顾氏小盗龙。但它们胸骨没有鸟类那样发达的龙骨突，不可能生长像鸟类那样发达的胸肌，所以也不可能靠扇动翅膀进行长时间动力飞行，主要还是靠滑翔飞行（图91）。

图91　顾氏小盗龙滑翔飞行
(Image Credit：keywordteam.net)

59. 有会爬树的恐龙吗？

从化石证据看，一些恐龙具备爬树的能力，特别是蜥臀目兽足亚目的小型恐龙几乎都会爬树（图92）。它们的四肢都长着尖利弯曲的爪子，可迅速地爬树，并可在树枝间自由活动。

图92　爬树的小型兽足类恐龙
(Image Credit：rareresource.com)

60. 恐龙随季节迁徙吗?

是的,恐龙会随季节迁徙。

古生物学家一直认为一些恐龙会像一些现代鸟类和哺乳动物那样,随着季节性气候和食物资源的变化进行长距离的迁徙,这个推测也得到了化石证据的验证。2011年美国科罗拉多学院(Colorado College)亨利·弗里克(Henry Fricke)和两个学生在《自然》(Nature)杂志发表论文,把长圆顶龙(Camarasaurus lentus)牙齿化石珐琅质的氧-18和氧-16同位素比值与相关地区沉积地层的氧-18和氧-16同位素比值进行对比,追踪它们迁徙的途径。发现每年干旱季节植物生长不足、食物短缺时,它们要从怀俄明和犹他盆地向西迁徙,一路追寻食物和水源,直到西部沿海高原。5个多月至少走了300多千米,然后再返回已进入湿润季节、植物生长茂盛的原出发地(图93)。

另一方面,这些成群活动的巨型素食恐龙食量非常巨大,任何一处的植物资源都经不起它们的长期消耗。为了生存,它们每年的日常生活就是要走很多路,不断更换进食区域,以便各地的植物资源得以轮流休养生息。

试想,一群身长约15m、体重约20t的大怪物,跋山涉水几百千米,沿途啃食树叶和灌木,身后跟着伺机而动的捕食者,就像今天的非洲塞伦盖蒂(Serengeti)大草原,狮子尾随着迁徙途中的牛羚群,不过两者的体型都翻了好几倍。

图93 长圆顶龙群迁徙途中
(Image Credit:livescience.com)

61. 长圆顶龙是怎样的一种恐龙？

长圆顶龙在系统分类上属于鸟臀目蜥脚形亚目圆顶龙科（Camarasauridae）的巨型素食恐龙，是北美1亿5 500万至1亿4 500万年最常见的恐龙之一（图94）。成年个体身长约15m，体重约20t，是圆顶龙中个体较小的一种。小脑袋，长脖子，长尾巴，身躯壮硕。4条粗腿善于长途跋涉；凿子状牙齿，适合剥食植物枝叶和树皮；最明显特征是头骨前额隆起呈圆顶状（图95）。

图94　长圆顶龙
（Image Credit：en.wikipedia.org）

图95　长圆顶龙的头骨前额隆起呈圆顶状
（Image Credit：oldearth.org）

62. 南极洲冰层里有恐龙化石吗?

有。

恐龙化石最早发现于欧洲。此后,北美洲、亚洲、非洲、南美洲和大洋洲陆续不断地发现有恐龙化石。1989年,冰天雪地的南极洲也发现了恐龙化石,说明地球各大洲都曾生活过恐龙。因为在恐龙出现时的三叠纪,地球只有一个巨大的陆地——泛大陆,恐龙可以到处漫游,分布到各地。虽然泛大陆在侏罗纪以后逐渐分裂成几个不同的大陆,但这些大陆上的恐龙继续繁衍生息、迁徙扩展,演化出各种不同的类型。当时的南极大陆并不很寒冷,经常相当于现在的温带气候,生长着茂密的森林,适合恐龙的生息繁衍。在南极大陆已发现的恐龙包括艾里奥特氏冰冠龙(Cryolophosaurus ellioti)、汉姆尔氏冰河龙(Glacialisaurus hammeri)和无畏快达龙(Qantassaurus intrepidus)等。

63. 艾里奥特氏冰冠龙是怎样的一种恐龙?

艾里奥特氏冰冠龙在系统分类上属于蜥臀目兽足亚目大型食肉恐龙,生活在距今1亿9 400万~1亿8 800万年的侏罗纪早期,今天的南极洲境内。已发现的化石标本是一个未完全成年的个体,身长约6.5m,体重465kg。成年个体肯定还要再大些,可能是那个时期最大的兽足类恐龙之一。它们满嘴锐利的牙齿,前肢比后肢短小,前掌有3个锋利的指爪,后肢强壮,两足行走,动作敏捷(图96)。最显著的特征是头上有一个西班牙梳子似的骨质头冠,可能主要用来吸引异性(图97)。虽然侏罗纪早期因温室效应,全球气候较暖,但南极洲每年还是有几个月的极夜,平均气温为 $-6 \sim 3℃$,它们能在这样的环境生存,说明其适应能力很强。

64. 汉姆尔氏冰河龙是怎样的一种恐龙?

目前仅发现部分后肢和脚部化石,其特征类似中国侏罗纪早期的许纳氏禄丰龙(Lufengosaurus huenei),生活在南极距今1亿8 900万~1亿8 300万年的侏罗纪早期,样子很可能与许纳氏禄丰龙长得差不多。

图96 艾里奥特氏冰冠龙漫步在冰霜素裹的森林边缘
（Image Credit：tunturisusi.com）

图97 艾里奥特氏冰冠龙头骨上奇特的头饰
（Image Credit：fieldmuseum.org）

65. 许纳氏禄丰龙是怎样的一种恐龙?

许纳氏禄丰龙是中国科学家研究的第一个恐龙,1941年由中国古生物学家杨钟健描述命名,属名取自化石发现地云南禄丰,种名献给他的导师——德国古生物学家弗雷德里希·冯·许纳(Friedrich von Huene)。2017年,这种恐龙又一次荣登世界头条新闻:它的1根肋骨化石里发现了1亿9 500万年前的胶原蛋白,是迄今已发现的最古老的生物软组织化石,有关论文发表在《自然通讯》(Nature Communications)杂志上。

系统分类上,这种恐龙属于蜥臀目蜥脚形亚目大椎龙科(Massospondylidae)中型素食恐龙,生活在约1亿9 500万年前的侏罗纪早期,今天的中国西南部。成年个体身长约6m。它们小头,长脖子;细小的叶状牙齿,边缘有锯齿;身躯壮硕,大腿长,小腿短,不善于奔跑;脚上5趾,趾爪粗大;前肢比后肢短小,5指;尾巴粗大,两足站立时,可用来支撑身体,好像随身携带的凳子,这种行为很像现代的袋鼠(图98)。

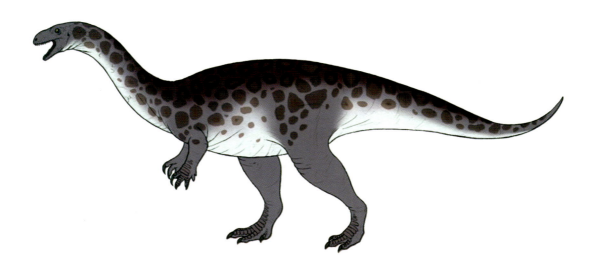

图98 许纳氏禄丰龙
(Image Credit: green-mamba.deviantart.com)

66. 无畏快达龙是怎样的一种恐龙？

无畏快达龙在系统分类上属于鸟臀目鸟脚亚目棱齿龙科（Hypsilophodontidae）的小型素食恐龙（图99），生活在1亿1 500万年前的白垩纪早期，今天的澳大利亚—南极洲一带。当时澳大利亚和南极洲连在一起，这种恐龙的活动区域横跨南极圈，尽管当时全球气候较暖，但那里的寒冷季节气温可下降到零度以下。它们身长约1.8m，身高约1m。短脸，大眼睛，在极夜的黑暗中仍有良好的视觉；鸟喙状嘴，颊齿叶状，适合吃植物枝叶；前肢有5指小手，可抓取植物往嘴里送；大腿很短但小腿修长，善于快速奔跑，用长尾巴控制转向平衡；它们的骨骼结构显示，很可能是具有恒定体温的温血动物，身上很可能长着用来保暖的毛。

图99 无畏快达龙
（Image Credit：home.alphalink.com.au）

67. 北极圈里有恐龙化石吗？

有。

在北极圈里，美国阿拉斯加北部白垩纪晚期的岩石里，已发现多种恐龙化石，其中包括加拿大厚鼻龙（*Pachyrhinosaurus canadensis*）、库克皮克古食草龙（*Ugrunaaluk kuukpikensis*）、冈格洛夫氏阿拉斯加头龙（*Alaskacephale gangloffi*）、霍格伦德氏北极熊龙（*Nanuqsaurus hoglundi*）、阿尔伯特奔龙（见图55）及伤齿龙（见图68）等。在西斯匹次卑尔根岛白垩纪早期岩石里也发现了禽龙类恐龙的足迹。

地质学家研究发现，白垩纪晚期地球因温室效应的作用，南、北两极的气候比现在的要温暖，阿拉斯加北极圈里生长着茂密的森林，但仍有几个月较冷的极夜，平均气温6℃，最低可到0℃以下。恐龙能到这里生活，说明它们有很强的适应能力。当然，大批吃植物的素食恐龙在寒冷季节来临前夕，会向南方迁徙，一些食肉恐龙也会跟着走，等来年温暖季节时再一起回来。

北极圈内的白垩纪岩石中，还发现了鸟类和小型哺乳动物化石，但却没发现蜥蜴、鳄、龟和蛇等其他爬行动物的化石。而在其他地区，它们往往是和恐龙化石处于同一岩层的。这似乎再一次表明，这些恐龙很可能是和鸟类及哺乳动物一样，是具有恒定体温的温血动物，能够进入较冷的地区生活，而其他爬行动物却不能。

68. 加拿大厚鼻龙是怎样的一种恐龙？

加拿大厚鼻龙在系统分类上属于鸟臀目角龙亚目角龙科的大中型素食恐龙（图100），生活在距今7 350万～6 900万年的白垩纪晚期，今天的加拿大阿尔伯特省—美国阿拉斯加州等地。成年个体身长大多约6m，最大可达8m，体重约4t。鸟喙状嘴，犬齿强大，善于咀嚼富含纤维的植物。四肢粗壮，四足行走，最显著特征是鼻子上有加厚的巨大而平坦的骨质隆起，眼睛上方也各有一道骨质隆起，可能用于争夺配偶或地盘时进行撞击争斗。颈盾后方有一对角，颈盾的形状和大小随个体的性别和生长阶段的差异而不同。

图100　加拿大厚鼻龙
（Image Credit：eartharchives.org）

69. 库克皮克古食草龙是怎样的一种恐龙？

库克皮克古食草龙在系统分类上属于鸟臀目鸟脚亚目鸭嘴龙科的大型素食恐龙，生活在6 920万年前的白垩纪晚期，今天的美国阿拉斯加一带。它们的体形和相貌与北美大陆的埃德蒙顿龙差不多（见图61、图62），所以一些研究者认为，它们就是埃德蒙顿龙的一些族群迁徙到了这里（图101）。

图101 成群的库克皮克古食草龙在北极光照耀下，向食物和水源丰富的地区迁徙
（Image Credit：sci-news.com）

70. 冈格洛夫氏阿拉斯加头龙是怎样的一种恐龙？

冈格洛夫氏阿拉斯加头龙在系统分类上属于鸟臀目厚头龙亚目厚头龙科的素食恐龙，生活在距今8 000万～6 900万年的白垩纪晚期，今天的美国阿拉斯加。目前只发现了一个头骨的左鳞状骨,上有一排多角形的瘤块。从鳞状骨的大小推测它的体型,约为厚头龙的一半大小,即身长约2.4m(图102)。

图102　冈格洛夫氏阿拉斯加头龙
（Image Credit：fr.wikipedia.org）

71. 霍格伦德氏北极熊龙是怎样的一种恐龙？

霍格伦德氏北极熊龙在系统分类上属于蜥臀目兽足亚目暴龙科的中型食肉恐龙(图103),生活在约6 910万年前的白垩纪晚期,今天的阿拉斯加北极圈。成年个体身长约6m,个头只有君王暴龙的一半,头长60～70cm。其他特征与君王暴龙差不多,基本上就是它的缩小版,估计是对高纬度严酷环境一种适应性演化的结果。

图103　霍格伦德氏北极熊龙
（Image Credit：dinosaurpictures.org）

72. 大型食肉恐龙如何捕猎?

大型肉食性恐龙大都单独狩猎,就像今天的老虎(*Panthera tigris*)。以典型的大型食肉恐龙君王暴龙或勇士特暴龙为例,它们常采取伏击战术,预先隐蔽在猎物经常出没的地方,如植物丰富区域、水源或石盐产地,专等前来进食、饮水或补充盐分的猎物,瞅准机会突然袭击,以自己大块头身体的强大冲击力,将猎物扑倒(图104),并张开血盆大口,用成排的带锯齿的切肉刀一样的大牙齿咬断猎物的脖子,必要时再踏上一支大脚,一边喘着粗气,一边大块大块地撕咬下猎物的肉,美餐一顿。

也有像今天的非洲狮(*Panthera leo*)那样,以小家庭为单位进行协同狩猎,通常2~3只成年或亚成年个体,采取跟踪、包抄、堵截、轮番攻击等战术,提高狩猎的成功率。

它们之所以这样,是因为依仗自己个头大,身强力壮,单独就能制服较大型的猎物;另一方面,它们本身食量也大,不适合与太多的伙伴分享猎物。

图104　君王暴龙攻击帝王埃德蒙顿龙
(Image Credit: animals.howstuffworks.com)

73. 小型食肉恐龙如何捕猎？

小型肉食性恐龙，如鲍里氏腔骨龙（*Coelophysis bauri*）、平衡恐爪龙（*Deinonychus antirrhopus*）、阿尔伯特奔龙及闻名伤齿龙等，因自己个头不大，很难单独制服较大型的猎物，通常采取群居生活，群体狩猎，就像今天非洲大草原的土狼（*Proteles cristata*）。它们发现猎物后，伺机靠近，然后群起而攻之。小型食肉恐龙大多善于快速奔跑，所以跟踪追击、多路包抄合围、轮番连续攻击是它们惯用的战术。它们主要猎食小型、中型猎物，有时也冒险攻击落单的大型猎物，特别是老弱病残者更是它们的首选。这些猎物只要被它们追上或围住，都很难逃脱被无数尖牙利爪的撕咬肢解、最终被分食的悲惨命运（图105）。

图105　平衡恐爪龙群攻击一只蒂利特氏腱龙（*Tenontosaurus tilletti*）
(Image Credit：fineartamerica.com)

74. 鲍里氏腔骨龙是怎样的一种恐龙？

鲍里氏腔骨龙在系统分类上属于蜥臀目兽足亚目腔骨龙科小型食肉恐龙（图106），生活在距今2亿零300万~1亿9 600万年的三叠纪晚期，今天的美国西南部，喜群居，集体狩猎。成年个体身长约3m，头骨狭窄，具有大孔洞，以减轻重量。边缘带锯齿的锐利牙齿，主要以小型动物为食。"S"形长脖子，肩带具有和鸟类一样的叉骨，这是已知最早的具有类似鸟类骨骼的恐龙。体形纤细，骨骼薄壁中空，所以命名腔骨龙。每只手有4指，其中3个手指有功能，第四手指退化，藏于手掌肌肉内。拥有善于奔跑的大长腿，每只脚掌有4个脚趾，前3个脚趾着地，后一个脚趾退化，不着地。长尾巴的肌腱骨化，形成半僵硬结构，便于在快速奔跑时平衡身体，控制方向。

图106　鲍里氏腔骨龙
（Image Credit：en.wikipedia.org）

75. 平衡恐爪龙是怎样的一种恐龙？

平衡恐爪龙在系统分类上属于蜥臀目兽足亚目奔龙科小型食肉恐龙，生活在距今1亿1 500万~1亿零800万年的白垩纪早期，今天的美国蒙大拿、犹他、怀俄明、俄克拉荷马及马里兰等州。喜群居，集体狩猎。成年个体身长达3.4m，三角形头骨长达41cm，臀高达0.87m，体重达73kg。强壮有力的颌，约有60颗边缘带锯齿的弯刀状牙齿。手掌大，每只手有3个长手指，腿长而健壮，善于奔跑。最显著的特征是第二脚趾有非常大的镰刀状锋利趾爪，可长达12cm，是主要的攻击武器，因此属名命名恐爪龙。行走时为防止这个大爪子磨坏，第二脚趾可能会缩起，仅用第三、第四脚趾着地。尾巴有一连串的长骨突与骨化肌腱，结构半僵硬，可更好地控制奔跑时的身体平衡及转弯方向，所以种名命名平衡恐爪龙（图107）。

  1969年，美国古生物学家约翰·奥斯特罗姆（John Ostrom）（图108）通过对平衡恐爪龙的详细研究，并根据其骨骼特点首次提出：它们体态轻盈，动作敏捷，精力旺盛，活动积极，很可能是具有恒定体温的温血动物，更像鸟类；而不是过去认为的那样，像鳄类或蜥蜴的变体温冷血动物。他的这一论点，当时在科学界引起轰动，至今仍是研究的热点。

图107　平衡恐爪龙
（Image Credit：en.wikipedia.org）

图108　美国古生物学家约翰·奥斯特罗姆和平衡恐爪龙骨架模型
（Image Credit：en.wikipedia.org）

76. 蒂利特氏腱龙是怎样的一种恐龙?

蒂利特氏腱龙在系统分类上属于鸟臀目鸟脚亚目禽龙类大、中型素食恐龙(图109),生活在距今1亿1 500万～1亿零800万年的白垩纪早期,今天的北美西部。成年个体身长6.5～8m,双脚站立身高约3m,体重1～2t。后肢比前肢粗壮,可站立吃高处植物,但以四足行走为主。尾巴不寻常的又长又粗,肌腱骨化呈半僵硬状,便于平衡身体。

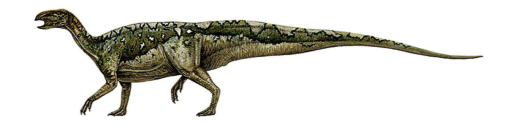

图109　蒂利特氏腱龙
(Image Credit：en.wikipedia.org)

77. 素食恐龙如何防御食肉恐龙的攻击?

素食恐龙为防御食肉恐龙攻击,主要有两种方式:被动防御和主动防御。

被动防御,主要向3个方向演化,即要么向大个头、强体力方向演化;要么向小个头、快速度方向演化;要么向装甲化方向演化。

大个头付出的代价是食量剧增,极其依赖丰富的植物和水资源,一旦植物和水资源因环境变化发生短缺,它们就难以生存。中生代的气候比今天的温暖,植物生长快,密度大,覆盖率远超过今天,所以才演化出如此众多、前所未有的巨型恐龙。它们身材巨大,四肢粗壮,力大无比,成群活动,浩浩荡荡,从容不迫,边走边吃。一般情况下,再凶猛的食肉动物也不敢贸然对它们发动攻击,而是伺机偷袭它们中落单掉队的,或老弱病残的。大个头,需要大能量维持,而素食的单位热量低,要提供大能量,就必须吃进巨大数量的植物。

所以它们几乎整天都在吃，整个身体从牙齿到食道到肠胃再到排泄口，都在为消化更多的植物而不停地工作，就像一部高效率的进食机器。因巨量的植物需要很大的胃和很长的肠子来慢慢消化，而容纳这样大的肠胃需要一个巨大的肚子，所以它们个个都是大腹便便，动作迟缓。而脑袋却很小，智商不高。

小个头食量相对较小，能适应各种环境，但付出的代价是必须高度警觉，随时准备快速奔跑，敏捷躲闪任何突然袭击。同时，还要想出各种方法来保护自己和群体的安全，与袭击者斗智斗勇，虽然长期生活在紧张状态下，但智力得到了充分的开发，所以它们的脑袋相对较大，智商较高。

装甲恐龙虽然有坚硬的甚至带刺的骨质装甲，但付出的代价是牺牲自身的机动性。由于主要依赖装甲保护，不需要机智敏捷地躲闪，所以智商不高。为避免装甲过重、行动太困难以及过多消耗食物和水，它们通常个头不大，并采取低姿态，缩短四肢，放低身子，尽量节约装甲覆盖面积。它们的演化一直纠结在装甲防护和机动性的如何协调上，因为加强了其中一个方面，必然会削弱另一个方面。

主动防御，主要是演化出具有强大杀伤力的武器，如剑龙的尾刺（图110）、装甲恐龙的尾锤（图111）及禽龙的钉状拇指等。这些武器足以划开袭击者的肚子，或打断袭击者的腿，或刺穿袭击者的大动脉。袭击者一旦被重创，即使没当场丧命，也会因伤口感染恶化而死。如果因受伤而丧失行动能力，等待它的将不是被饿死，就是被别的食肉动物吃掉。所以攻击那些有积极防御能力的大型素食恐龙是要冒很大风险的。

图110　窄脸剑龙挥舞尾刺反击君王暴龙的袭击，划破了它的左腮帮子，
差一点挑出它的左眼珠子
（Image Credit：nhm.ac.uk）

图111　装甲恐龙甩起尾锤反击君王暴龙的袭击，差一点打断它的右腿
(Image Credit：calle.hekla.nu)

78. 为什么恐龙的头骨化石特别珍贵？

恐龙的头骨记录了它们许多最重要、最关键的信息，因为从眼眶孔、鼻腔、耳腔及脑腔等的大小、位置和构造特点，可以推测它们对外界环境的感官灵敏度及智力的高低；从牙齿形状、磨损程度和颌骨的强壮与否，以及肌肉附着面积等，可以推测它们吃什么，咬合力有多强，等等，从而知道它们的生活方式，行为特征。所以，恐龙头骨化石对于科学研究来说，是非常宝贵的材料。

然而，为了减轻脖子的负担，恐龙头骨大多演化成质量很轻的薄壳中空多孔洞结构，十分脆弱。即使它们死后的遗体很完整，并立即被原地掩埋封存，没有被外力搬运破坏，但掩埋它的沉积物，在此后形成岩石的过程中，也可能会在压实作用下把它压碎变形。如果遗体在掩埋前经过了搬运和破坏，粗壮的骨骼都难以完整保存，就更别说脆弱的头骨了。因此，恐龙的头骨保存为化石的概率非常非常低，所以就特别珍贵。

79. 盗蛋龙冤案是怎么回事？

1923年，美国著名探险家罗伊·查普曼·安德鲁斯（Roy Chapman Andrews）率队在荒无人烟的蒙古国大戈壁考察期间，他的一个技师乔治·奥尔森（George Olsen）发现了一窝恐龙蛋化石，旁边仅10cm处紧挨着的是一具头骨破碎的小型恐龙骨架化石。他们做了详细的记录后，把这些标本从岩石中小心取出，运回美国交给著名古生物学家亨利·费尔菲尔德·奥斯本（Henry Fairfield Osborn）研究。1924年，奥斯本发表论文，首次描述了这个新发现的恐龙。因为同一地点附近曾发现过另一种恐龙化石，奥斯本命名为安德鲁斯氏原角龙化石，于是奥斯本就设想出这样一番场景：那只恐龙跑到原角龙的巢穴，正要偷吃原角龙的蛋，恰巧被返回巢穴的原角龙发现，被愤怒的原角龙一脚踩碎了脑袋。由此，他命名这种恐龙为菲罗赛拉托普斯盗蛋龙（*Oviraptor philoceratops*），其种名"菲罗赛拉托普斯"，意思是"喜欢角龙"，也和偷角龙蛋有关。

然而，自1990年以来，在蒙古国陆续发现了多具趴在恐龙蛋化石上的、盗蛋龙类恐龙奥斯莫尔斯卡氏葬火龙（*Citipati osmolskae*）的骨架化石（图112）。特别是1993年在这种恐龙蛋中，

图112　这是奥斯莫尔斯卡氏葬火龙趴在一窝恐龙蛋上的化石，它属于盗蛋龙类恐龙的一种。当时，一场灾难性的大规模沙尘暴来临，它没有逃离，而是张开两臂把自己的蛋保护起来，结果和自己的蛋一起被活埋在厚厚的黄沙里，最终成为化石
（Image Credit：everythingdinosaur.co.uk）

图113　奥斯莫尔斯卡氏葬火龙蛋化石里的胚胎化石
(Image Credit：en.wikipedia.org)

发现了奥斯莫尔斯卡氏葬火龙的胚胎化石(图113)。从而确定这种蛋并不是原角龙的,而是盗蛋龙类恐龙自己的。此外,盗蛋龙类恐龙头骨都是薄壳中空结构,在保存为化石的成岩过程中,几乎都会在沉积地层的压实作用下破碎。所以,那只盗蛋龙破碎的头骨并不是被原角龙踩的。

随着2001年美国古生物学家詹姆斯·克拉克(M. James Clark)和马克·诺雷尔(Mark A. Norell)等的研究论文发表,盗蛋龙冤案终于得以昭雪。但因科学界的命名原则是：以最先发表并被采用的命名为有效命名,此后不再更改,以免文献记录的前后不一致,给研究带来不必要的麻烦。所以,盗蛋龙的这个黑锅还要继续背下去。

菲罗赛拉托普斯盗蛋龙在系统分类上属于蜥臀目兽足亚目盗蛋龙科(Oviraptoridae)(图114),生活在7 500万年前的白垩纪晚期,今天的蒙古国。成年个体身长约2m,体重约33kg；头骨短,多孔洞,头顶有高耸的冠,成年雄性的冠比雌性和幼年个体的冠更发达；喙状嘴,有坚硬的角质壳,没有牙齿,但可啄食软体动物、昆虫及植物果实等。长脖子,短尾巴,前肢很长,有3个长手指,指爪锋利弯曲,能抓握；后肢强健,小腿骨长,善奔跑,动作敏捷。

图114　菲罗赛拉托普斯盗蛋龙趴在自己的一窝蛋上
(Image Credit：Julius T. Csotonyi)

奥斯莫尔斯卡氏葬火龙在系统分类上属于蜥臀目兽足亚目盗蛋龙科，生活在距今8 400万～7 500万年的白垩纪晚期，今天的蒙古国。成年个体身长约3m，在盗蛋龙类恐龙中个头较大，其他特征与别的盗蛋龙类恐龙差不多。从它们趴在一窝蛋上的姿态看（图115），似乎有孵蛋行为，因此盗蛋龙类恐龙可能和鸟类一样是体温恒定的温血动物，也很可能长着羽毛。

葬火龙属名取自梵语"火葬柴堆之主"，是因为化石埋藏在火红色的岩石里，化石骨架张开两臂，像火葬柴堆上跳舞的骷髅，即藏传佛教神话里的尸林怙主。而种名是献给20世纪60—90年代期间，为蒙古国盗蛋龙类恐龙研究做出巨大贡献的波兰女科学家哈尔兹卡·奥斯莫尔斯卡（Halszka Osmólska）。

图115　奥斯莫尔斯卡氏葬火龙趴在自己的一窝蛋上
（Image Credit：apsaravis.deviantart.com）

80. 恐龙会照料自己的小宝宝吗？

化石证据表明，许多恐龙都会悉心照料自己的小宝宝。

如，成群的皮布尔斯氏慈母龙（*Maiasaura peeblesorum*）选择植物和水资源都很丰富的地方作为繁殖场，挖出一个个圆餐桌大小的碗状浅坑作窝，窝与窝之间保持约9m间距，相当于一只成年个体身长的距离。每窝下18～20个像柚子那么大的蛋，宝宝孵出来时，四肢关节还没完全发育好，还不能外出活动，所以它们要待在窝里相当长的时间，需要爸爸、妈妈喂养照料（图116），如果爸爸、妈妈都要外出觅食，还要叔叔、伯伯、阿姨和姐姐来帮忙照应，时刻防备食肉动物的袭击。一直要等到宝宝们的四肢关节完全发育好后，才随族群一起迁徙、觅食。美国蒙大拿州西部的丘窦镇（Choteau）附近，已发现数以千计的这种恐龙化石保存在由火山灰沉积形成的岩石中，分布范围达2.6km^2，可见它们群体数量的庞大，繁殖场面积的广阔。显然它们是在一次大规模火山爆发中，被弥漫的毒气烟尘呛

图116　皮布尔斯氏慈母龙在照料刚孵出的小宝宝
（Image Credit：phillustr8r.deviantart.com）

死,尸横遍野,再被铺天盖地的火山灰快速掩埋。它们窝里往往有很多宝宝化石,说明这些宝宝刚出生不久,还没有出逃的能力。

护甲萨尔塔龙(Saltasaurus loricatus)的情况也类似。在阿根廷帕塔哥尼亚(Patagonia)南部的奥卡马韦沃地区(Auca Mahuevo),也发现数量众多的恐龙化石保存在洪水泥沙沉积形成的岩石中,它们是被一场大规模洪水淹没掩埋的。这种恐龙的窝里也有不少宝宝化石,也说明这些宝宝孵出来后,要待在窝里一段时间,靠爸爸、妈妈的喂养照料,保护它们免遭食肉动物的袭击(图117)。

刀背大椎龙(Massospondylus carinatus)的情况也是如此,在南非发现的这种恐龙蛋化石,里面的胚胎骨骼显示,这些小宝宝虽然一出壳就能行走,但牙齿却还没长出,因此必须靠爸爸、妈妈先把食物吞进胃里,用胃里的小石子磨成糊糊,再吐给它们吃(图118)。直到它们长出牙齿后,才能自己去觅食。

蒙古鹦鹉嘴龙的情况也差不多,在蒙古国和中国内蒙古已发现好几例妈妈和宝宝一起被沙尘暴掩埋在窝里的化石标本(图119、图120),说明这些宝宝是在爸爸、妈妈的呵护下度过童年的。

图117　护甲萨尔塔龙面对蠢蠢欲动的食肉恐龙,围成一圈保护自己窝里
正在破壳而出的小宝宝
(Image Credit:luisrey.ndtilda.co.uk)

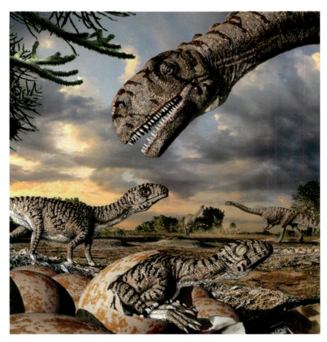

图118　刀背大椎龙刚孵出的宝宝还没长牙齿,要爸爸、妈妈喂
养到长出牙齿后,才能自己去觅食
(Image Credit:hubpages.com)

图119 蒙古鹦鹉嘴龙妈妈和孩子们一起被掩埋的化石
（Image Credit：en.wikipedia.org）

图120 灾难来临时，蒙古鹦鹉嘴龙妈妈和孩子们惊恐地依偎在一起
（Image Credit：David Varicchio）

81. 皮布尔斯氏慈母龙是怎样的一种恐龙？

皮布尔斯氏慈母龙在系统分类上属于鸟臀目鸟脚亚目鸭嘴龙科大型素食恐龙，生活在7 670万年前的白垩纪晚期，今天的美国蒙大拿州。成年个体身长可达9m，宽扁的嘴，加厚的鼻子，两眼前面有一个小小的尖冠。它们既可两足也可四足行走，可能4岁以前以两足行走为主，之后改四足行走为主，两足奔跑。它们对抗食肉动物的攻击，主要依靠庞大的族群集体行动，相互照应（见图116）。

82. 护甲萨尔塔龙是怎样的一种恐龙？

护甲萨尔塔龙在系统分类上属于蜥臀目蜥脚形亚目萨尔塔龙科（Saltasauridae）大型素食恐龙，生活在约7 500万年前的白垩纪晚期，今天的阿根廷及乌拉圭。成年个体身长约12m，体重约7t。在蜥脚类恐龙中，它们的脖子稍短，但尾巴很长。身上厚厚的皮革状皮肤里长着许多圆形的骨质装甲板，装甲板之间布满数以千计坚硬的纽扣状骨质突起，构成覆盖背部和两肋的铠甲。加上它们像鞭子一样强有力的长尾巴以及大群的集体行动，可有效地防御食肉动物的袭击。

20世纪70年代，这些恐龙被首次发现时，古生物学家们曾惊奇不已：原来长脖子、长尾巴、大个头的蜥脚类恐龙，竟然和五短身材、小个头的装甲龙一样，身上也会长装甲板（图121）。

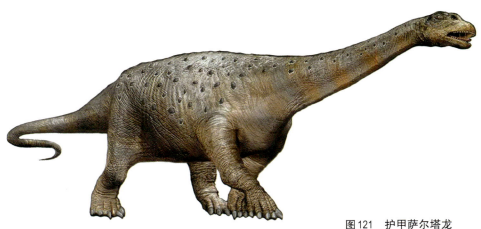

图121　护甲萨尔塔龙
（Image Credit：en.wikipedia.org）

83. 刀背大椎龙是怎样的一种恐龙？

刀背大椎龙在系统分类上属于蜥臀目蜥脚形亚目大椎龙科（Massospondylidae）中型恐龙，生活在距今2亿～1亿8 300万年的侏罗纪早期，今天的非洲南部。成年个体身长约4m，体重约1t。小脑袋，长脖子，腰身不太粗，长尾巴（图122）。以吃植物为主，可能也吃昆虫等。牙齿细小，咀嚼能力弱，肚里有小石子，靠胃的蠕动把吞进去的食物研磨成糊糊，再进行消化。手有3指，其中拇指长着大而弯曲的爪；后肢粗壮，两足行走。直起身体，可吃高处的植物。脊椎与肋骨有空腔，可减轻骨骼重量，或可能是类似鸟类气囊呼吸系统演化雏形。

图122 刀背大椎龙
（Image Credit：en.wikipedia.org）

84. 大型蜥脚类恐龙蛋是什么样的？

大型蜥脚类恐龙的蛋是圆球形，直径可超过15cm，在窝里随意堆放。

例如，自1997年以来，阿根廷的帕塔哥尼亚（Patagonia）南部，奥卡马韦沃（Auca Mahuevo）地区，在7 500多万年前的白垩纪晚期洪水沉积地层里，陆续发现了许多成窝的大个圆形蛋化石。单个直径15～20cm，容积达800cm^3（图123）。

图123　阿根廷帕塔哥尼亚7 500多万年前的护甲萨尔
塔龙蛋化石，与现代鸡蛋对比
(Image Credit：mcclungmuseum.utk.edu)

　　有一个蛋化石的蛋壳破损，露出里面的恐龙宝宝骨骼化石(图124)。其头骨化石保存完好，鼻孔长在头顶，32颗约1mm长的小牙齿清晰可见(图125)，脱落的一片蛋壳内表面保存了一小片恐龙宝宝的皮肤印痕(图126)，经鉴定是大型蜥脚类恐龙——护甲萨尔塔龙的胚胎化石(图127)，长大后身长可达12m，体重可达7t(见图121)。

图124　蛋化石的蛋壳破损处，露出里面的恐龙宝宝骨骼化石
(Image Credit：nationalgeographic.com)

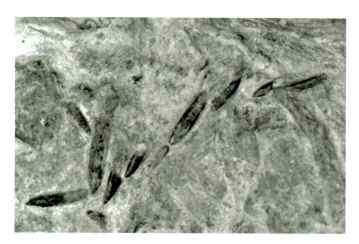

图125 蛋化石里的恐龙宝宝牙齿化石，每颗长约1mm
（Image Credit：nationalgeographic.com）

图126 蛋化石里恐龙宝宝皮肤印痕化石
（Image Credit：nationalgeographic.com）

图127 阿根廷帕塔哥尼亚保存有胚胎的护甲萨尔塔龙蛋复原模型
（Image Credit：nationalgeographic.com）

85. 大椎龙类恐龙蛋是什么样的？

大椎龙类恐龙蛋是扁球形，直径约6cm，在窝里随意堆放。

例如，1976年南非金门高地国家公园，在约1亿9 000万年前的洪水泛滥沉积形成的地层里，发现第一窝这种恐龙蛋化石以来，到2012年已陆续发现了至少10窝这种恐龙蛋化石，有的一窝多达34枚。其中1978年发现的一窝7枚蛋中，有两枚保存着恐龙宝宝的骨骼化石，1枚即将出壳，另1枚刚刚出壳，是迄今为止已发现的世界上最古老的恐龙胚胎化石（图128）。

图128　这是残缺的一窝刀背大椎龙蛋化石，只保存了7枚蛋。其中2号蛋里的宝宝即将出壳，6号蛋里的宝宝刚刚啄破蛋壳露出脑袋，这时洪水夹带着泥沙汹涌而来，把它们都掩埋了
（Image Credit：insider.si.edu）

蜷缩在蛋里的恐龙宝宝如果伸展开，身长可达15cm。小家伙脑袋大，尾巴短、胳膊长（图129），经鉴定，它们是刀背大椎龙的幼崽，长大后身长可达4m，体重可达1t（见图122）。

图129　刀背大椎龙蛋里的宝宝刚刚啄破蛋壳，伸出脑袋
（Image Credit：sciencedaily.com）

86. 鸭嘴龙类恐龙蛋是什么样的？

　　鸭嘴龙类恐龙蛋是扁球形，直径约15cm，在窝里随意堆放（图130）。其蛋壳纵切片在显微镜下可见粗大的树枝状分叉通气道（图131）。
　　在世界许多地点的白垩纪地层中都发现过这种蛋化石，其中包括有胚胎化石的蛋，如2001年美国科学家发表论文记述的1枚发现于阿拉巴马州的恐龙蛋（图132）。

图130　发现于中国浙江天台盆地的鸭嘴龙类恐龙蛋化石，它们被随意堆放在窝里
（摄影：钱迈平）

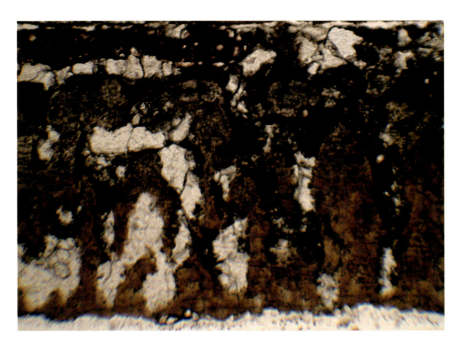

图131　蛋壳纵切片在显微镜下可见粗大的分叉通气道
（摄影：钱迈平）

图132 发现于美国阿拉巴马州的鸭嘴龙类恐龙蛋胚胎化石及其复原模型
(Image Credit:nationalgeographic.com)

87. 盗蛋龙类恐龙蛋是什么样的？

盗蛋龙类恐龙蛋是扁的长椭球形，表面粗糙，有密集的蠕虫状纹；一头大，一头小，长度根据属种不同，从11cm至18cm不等，长宽比约2∶1。以两个为一组，大头朝里，围成一圈，排列在窝里。这是因为兽足类恐龙妈妈的两个输卵管会同时各孕育1个蛋，所以每次下蛋都是两个。下蛋时，面向外边，绕自己的窝转着圈依次下蛋，结果就排列成这样了。每窝蛋十几枚到20多枚，如蒙古国的奥斯莫尔斯卡氏葬火龙蛋（图133）。1993年，这种蛋里也找到了胚胎化石（图134）。

图133　发现于蒙古国的一窝奥斯莫尔斯卡氏葬火龙蛋化石，只保存了11枚
（Image Credit：fi.wikipedia.org）

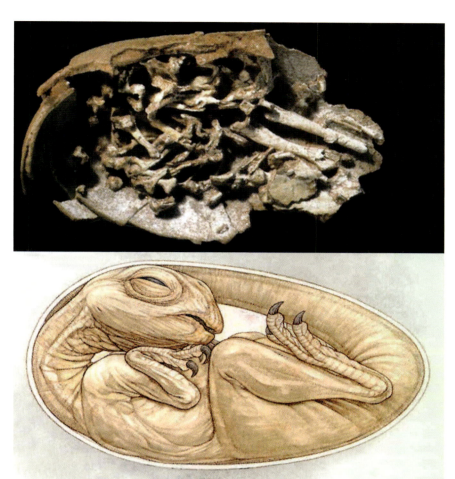

图134 奥斯莫尔斯卡氏葬火龙胚胎化石及其复原图
(Image Credit：sciencemag.org and classes.colgate.edu)

88. 伤齿龙类恐龙蛋是什么样的？

伤齿龙类恐龙蛋是锥球形，大头浑圆，小头略尖。大多长7.6～10cm，蛋壳纵切面在显微镜下可看到棱柱状排列结构(图135)。最独特的是，这种蛋在窝里都是大头朝上插在泥沙里(图136)。中国、蒙古国、美国及欧洲等地的白垩纪时期沉积岩石里都发现过成窝的这种蛋化石。它们曾长期被误以为是属于马克拉氏奔山龙(Orodromeus makelai)，直到2002年美国科学家发表论文：在蒙大拿州的这种蛋里发现了闻名伤齿龙胚胎化石，这才真相大白(图137)。

马克拉氏奔山龙在系统分类上属于鸟臀目鸟脚亚目帕克索龙科（Parksosauridae）小型素食恐龙，生活在7 670万年前的白垩纪晚期，今天的北美。成年个体身长约2.5m，两足行走，善于奔跑（图138）。因为在伤齿龙类恐龙蛋化石发掘地点也发现了它们的骨骼化石，所以就一直误以为蛋是它们下的。

图135　一种伤齿龙类恐龙蛋壳纵切面
（Image Credit：geocities.ws）

图136　发现于中国内蒙古的一窝伤齿龙类恐龙蛋化石
（Image Credit：fossilera.com）

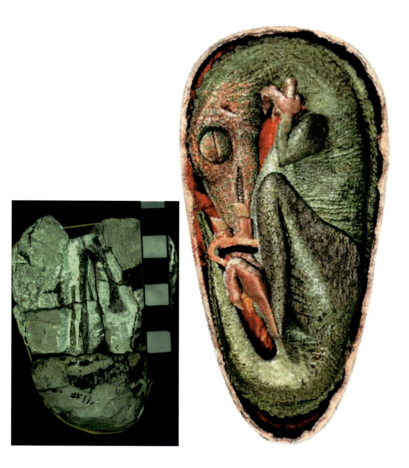

图137 发现于美国蒙大拿州的闻名伤齿龙蛋
胚胎化石及其复原图
（Image Credit：dinosaur-world.com）

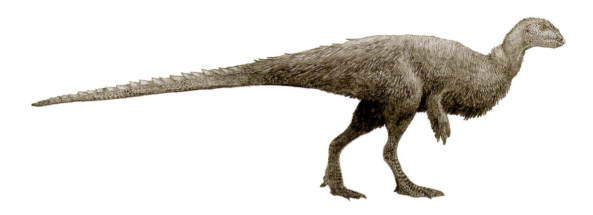

图138 马克拉氏奔山龙
（Image Credit：en.wikipedia.org）

89. 大型兽足类恐龙蛋是什么样的?

大型兽足类恐龙蛋是扁的长椭圆形,外表和所有其他的兽足类恐龙蛋一样。在窝里的排列方式也是两个一组,大头朝里,排成一圈。但不同的是,大型兽足类恐龙蛋个头特别大,长约43cm,宽约14.5cm(图139)。窝也特别大,窝内直径超过2m,加上外围护坡可超过3m(图140)。这种蛋在中国河南省西峡盆地和浙江省天台盆地白垩纪晚期沉积的地层里都有发现,其中西峡盆地的这种蛋里还发现了胚胎化石(图141)。

图139 发现于中国河南西峡的大型
兽足类恐龙蛋,个头特别大
(Image Credit:mcclungmuseum.utk.edu)

图140 发现于中国河南西峡的一窝大型兽足类恐龙蛋
(Image Credit：quazoo.com)

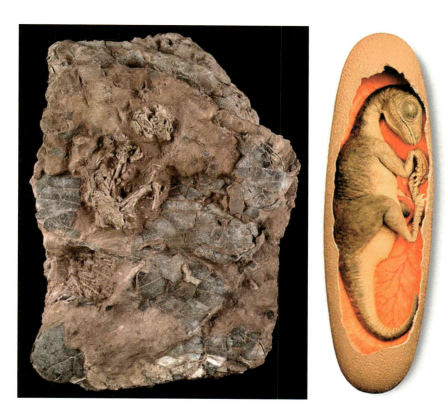

图141 发现于中国河南西峡的大型兽足类恐龙蛋胚胎化石及其复原图
(Image Credit：cdn.sci-news.com and Brian Cooley)

90. 镰刀龙类恐龙蛋是什么样的？

镰刀龙类恐龙蛋是亚球形，大多直径约9cm，在窝里平铺摆放（图142）。蒙古国和中国华北、华东及华南白垩纪沉积地层里都有发现，中国河南西峡盆地的一枚蛋里还发现了镰刀龙胚胎化石（图143）。

图142 发现于中国河南西峡盆地的一窝镰刀龙类恐龙蛋化石
（Image Credit：fossilera.com）

图143 中国河南西峡保存有胚胎化石的镰刀龙类恐龙蛋及其复原模型
（Image Credit：Terry Manning and nationalgeographic.com）

91. 最大的恐龙蛋有多大?

迄今为止已发现的恐龙蛋中,最大的是中国河南西峡及浙江天台白垩纪的大型兽足类恐龙蛋。外形呈扁的长椭球形,长约43cm,宽约14.5cm(图144)。

图144　中国浙江天台盆地的白垩纪大型兽足类恐龙蛋化石
(摄影:钱迈平)

92. 为什么大多数恐龙蛋化石是扁的?

在博物馆参观恐龙蛋化石的人往往都会提出这样一个问题:为什么大多数恐龙蛋化石是扁的? 通常的解释是,这些恐龙蛋被埋藏后,在沉积作用下,覆盖在它们上面的沉积物越积越厚,越来越重,把它们压扁了,而后在成岩作用下,它们变成了化石(图145)。但也许有人又会问:为什么有的恐龙蛋却一点也不扁(图146),难道它上面的沉积物不重吗? 实际上要回答这个问题,首先要从恐龙蛋的蛋壳说起。

图145　发现于河南西峡的恐龙蛋化石
（Image Credit：fossilera.com）

图146　发现于山东莱阳的恐龙蛋化石
（Image Credit：fossilera.com）

恐龙属于爬行动物，许多特征可以从现代爬行动物身上看到，它们的蛋也是这样。我们知道，现代许多爬行动物的蛋壳是较软的，有一定韧性，如玳瑁蛋外壳像羊皮纸一样柔软；鳄蛋刚产出时是软的，要过一会儿才变硬；蛇蛋有的种类是硬壳，有的种类是软壳。软壳蛋的好处是蛋壳不容易破裂，硬壳蛋的好处是为胚胎发育提供相对坚固的防护。

由此可以想象，恐龙蛋也有类似情况，那些扁球形蛋外壳很可能是韧性的，在重力作用下容易变形，个体越大的蛋，变形越大，这显然是蛋内容纳的蛋白、蛋黄等不同密度的液体更多，重力作用更大造成。由于许多恐龙蛋比现代爬行动物蛋大得多，所以在蛋壳韧性程度相同的情况下，恐龙蛋的变形更明显。而几乎未变形的蛋化石，说明它们的外壳刚度较大，是硬壳蛋。如阿根廷的萨尔塔龙的蛋（见图123），外形呈浑圆的球状，说明它们的蛋壳硬度足以抵抗蛋内大量蛋白、蛋黄的重力作用。伤齿龙类恐龙蛋也是硬壳的，其硬度足以保证它能顺利插入泥沙（见图136）。

那么，怎么区别恐龙蛋是被沉积物压扁的，还是本来就是扁的呢？这就要看恐龙蛋化石的蛋壳破碎程度了。通常蛋壳破碎严重的扁恐龙蛋化石很可能原来是硬壳的，是被沉积物压破蛋壳后变扁的；而蛋壳破碎不严重，甚至根本没破的扁恐龙蛋化石，很可能是软壳的，本来就是扁的，最多也就是被沉积物压得更扁些而已。不管怎么说，无论是硬壳蛋，还是软壳蛋，为了小恐龙宝宝出壳方便，蛋壳都不会过分坚固。

93. 恐龙的内脏能保存成化石吗？

能，但极其罕见。

例如，1981年发现于意大利，1998年描述并命名的萨姆尼西比奥爪龙（*Scipionyx samniticus*）就保存了部分气管、肝脏、小肠和肌肉的化石。这种恐龙目前只发现了一个带头骨的骨架化石，是一个出壳才3天的小恐龙宝宝，身长约50cm（图147）。这个标本的消化道里保存着半消化的蜥蜴和鱼的残骸化石，可能是它的妈妈或爸爸喂给它吃的。标本上甚至可看到肝脏的形状和颜色，肌肉和骨骼结构的细节（图148），还有爪子上的角质鞘。它的小肠总长度较短，说明肉食可较快地被消化吸收，不需要像素食恐龙那样用很长的肠道来处理难以消化的植物。从埋藏化石的细腻泥质灰岩以及小恐龙宝宝仰头挣扎的姿态看，这种恐龙可能生活在滨海潟湖或沼泽附近，小恐龙宝宝不小心陷进了淤泥，被快速封埋在缺氧的条件下，得以非常完好地保存为化石。

萨姆尼西比奥爪龙在系统分类上属于蜥臀目兽足亚目秀颌龙科（Compsognathidae）小型食肉恐龙，生活在1亿1300万年前的白垩纪晚期，今天的意大利南部。估计成年个体

图147 萨姆尼西比奥爪龙宝宝化石,注意它脖子最下面的气管、腹部的肝脏、小肠和屁股附近的肌肉等化石
(Image Credit:en.wikipedia.org)

图148 萨姆尼西比奥爪龙的内脏化石
(Image Credit:napolipiu.com)

图149　萨姆尼西比奥爪龙宝宝
(Image Credit: Lukas Panzarin, 2014)

身长约2m，体重约60kg，两足行走，行动敏捷，以长尾巴控制平衡(图149)。由于是意大利境内发现的第一个恐龙化石，当时在意大利曾引起不小的轰动。

另外，1993年发掘于美国南达科他的一具阿夕尼波亚奇异龙(*Thescelosaurus assiniboiensis*)骨架化石，2000年成为世界关注的焦点(图150)。一篇发表在美国著名的《科学》(*Science*)杂志上的论文宣布，发现这个标本保存了心脏化石。作者记述了他们用计算机X射线断层摄影(CT)成像技术，对这个骨架化石的肩胛骨下方的一个砂质团块(图151)进行了扫描，发现是这个恐龙的心脏化石。具有类似鸟类和哺乳类心脏的4腔室构造，即两个心房和两个心室。由此认为这种恐龙是一种代谢率高的温血动物，而不是像其他爬行动物那样是冷血的。

他们的论点立刻引起激烈的争论。另一些科学家重新研究了那个标本，这些科学家的论文指出，那个团块是沉积作用形成的，局部还可见到沉积形成的同心纹层，而且还有一根肋骨被这个团块包裹，不可能是心脏化石。2011年又一篇论文发表，作者记述了他们用更先进的CT扫描、X射线衍射、X射线光电子能谱以及扫描电子显微镜等技术，对这个标本进行的研究。该研究发现那个所谓的"4腔室"，实际上是3个互不相通的物质密度较低的区域，也没有动脉通进去的迹象。主要结构由沉积矿物组成，如针铁矿、长石矿物、石英和石膏，以及一些植物碎片；恰恰缺乏碳、氮和磷这样一些与生物关系非常密切的化学元素，也没见到心肌细胞构造的痕迹。目前，科学界基本上否定了这个心脏化石。

图150　就是这件阿夕尼波亚奇异龙化石标本,肩胛骨下方
　　　　有一个引人注意的砂质团块
　　　　（Image Credit：en.wikipedia.org）

图151　这个砂质团块曾引起关于恐龙心脏化石的激烈争论
　　　　（Image Credit：en.wikipedia.org）

其实,现代鸟类和鳄类,这两个与恐龙亲缘关系最接近的动物,都是4腔室心脏,所以恐龙很可能也有4腔室心脏。鸟类是温血的高代谢率动物,而鳄类是冷血的低代谢率动物,因此把4腔室心脏和代谢率扯到一起是没有意义的。

阿夕尼波亚奇异龙在系统分类上属于鸟臀目鸟脚亚目帕克索龙科中小型素食恐龙,生活在距今6 800万～6 600万年的白垩纪晚期至末期,今天的北美。成年个体身长2.5～4m,体重200～300kg。长而窄的喙状嘴,前上颌牙齿小而尖,两颊牙齿呈叶状。手掌短宽,5根手指;后肢强健,4根蹄状脚趾;身躯宽大,以便容纳很长的肠子来消化植物;长尾巴由骨化肌腱支撑,直伸向后面,用于平衡(图152)。

图152　阿夕尼波亚奇异龙
(Image Credit:PaleoGuy)

94. 恐龙能保存成木乃伊吗？

能，但非常罕见。

例如，1908年在美国怀俄明州匡威县发现的体形巨大的连接埃德蒙顿龙（*Edmontosaurus annectens*）木乃伊化石，不但保存了几乎完整的骨骼，而且皮肤连带肌肉都保存了下来。挖掘者以2 000美元卖给了美国自然历史博物馆，当时这可是天价！博物馆将这个标本修复加固后一直陈列至今（图153）。此外，还发现了帝王埃德蒙顿龙木乃伊化石，甚至它头上的肉质冠都保存完好（见图62）。

由于埃德蒙顿龙（图154）生活在6 600万年前的白垩纪末期，今天的北美地区，当时是气候干燥的大沙漠。这种恐龙死亡后一旦迅速脱水风干，被黄沙掩埋，就可能成为木乃伊化石。所以，自20世纪初以来，已发现了多例这种恐龙的木乃伊化石。

图153　连接埃德蒙顿龙木乃伊化石
（Image Credit: en.wikipedia.org）

图154　连接埃德蒙顿龙
(Image Credit：newdinosaurs.com)

95. 恐龙的寿命有多长？

通常情况下，动物体积越大寿命越长。通过统计恐龙骨头里的生长纹，或根据已知的与恐龙亲缘关系接近的动物，如各种鳄类和鸟类的寿命，进行推算，得出的结论是：不同的恐龙，寿命从30岁到100多岁不等。

恐龙寿命的长短往往与其生长模式相关。非限定生长的动物比限定生长的动物的寿命长。如果把现生动物的非限定生长模式用于对恐龙的研究，一些恐龙类群从蛋里孵化出来，到成年所需时间分别是：原角龙需要26～38年，中等个头的蜥脚类恐龙需要82～118年，巨型蜥脚类恐龙都要超过100年。那么，如果成年后的恐龙，再能活上同样长的时间，巨型蜥脚类恐龙就能活300年左右。

另一个影响动物生长速度的因素，是它们的新陈代谢。一般情况下，温血脊椎动物的生长速度至少要比冷血脊椎动物快10倍。生长越快，寿命越短；生长越慢，寿命越长。如果恐龙是温血动物，就可用现代温血脊椎动物的生长模式来推算恐龙的寿命，它们可活几十年到100多年。如果恐龙是冷血动物，就可以活200年或更长。

96. 盛极一时的恐龙是怎么绝灭的？

约6 500万年前，地球上曾经盛极一时的恐龙，突然消失了。当时究竟发生了什么？科学家们一直在努力破解这个重大的谜团。根据天文学、地质学及生物学等研究，他们提

出了各种各样的猜想,如:

(1)超新星爆发引起地球气候强烈变化,温度骤然升高,而后又下降得很低。恐龙难以适应,最终绝灭。

(2)地球发生大规模构造运动,大陆板块分裂漂移、碰撞,强烈造山,导致地理环境和气候剧变。恐龙受不了,大批死亡,最后灭绝。

(3)地球磁场发生倒转,造成一段时间地球完全没有磁场,臭氧层不能在地磁场作用下附着在地球上空,地球会暴露在宇宙射线、太阳粒子辐射下,对地球气候和生物产生致命影响,恐龙因此纷纷死亡。

(4)被子植物兴起,并含有毒素,巨型素食恐龙食量奇大,吃下的毒素日益积累,结果中毒而死。食肉恐龙吃了有毒的肉,也被毒死了。

(5)哺乳动物兴起,起初都是类似老鼠那样的啮齿类食肉动物,大量偷吃恐龙蛋,造成恐龙断子绝孙。

(6)白垩纪末期酸雨强烈,溶解了土壤中的锶,恐龙饮水和觅食,摄入了这些锶而中毒身亡,等等。

但上述这些猜想没有一个不是漏洞百出,证据不足。

目前被科学界普遍接受的一个猜想是,小行星撞击地球导致恐龙绝灭。

这个论点是美国科学家路易斯·沃尔特·阿尔瓦雷茨(Luis Walter Alvarez)和沃尔特·阿尔瓦雷茨(Walter Alvarez)父子(图155)共同提出的。

20世纪70年代,美国地质学家沃尔特·阿尔瓦雷茨,在意大利中部进行地质研究期间,发现白垩纪和古近纪沉积的岩石之间有一层薄薄的黏土层,是划分这两个时代岩石的界线(白垩纪—古近纪界线, Cretaceous- Paleogene boundary,简称 K-Pg bundary)。在界线

图155　美国科学家路易斯·沃尔特·阿尔瓦雷茨和沃尔特·阿尔瓦雷茨父子
(Image Credit:en.wikipedia.org)

之下有恐龙化石，界线之上就再也没见到过恐龙化石。这是为什么？看来答案就在这层黏土里。于是，他把这个想法告诉了他爸爸路易斯·沃尔特·阿尔瓦雷茨。

他爸爸可是个了不起的科学家，当时是美国加州大学伯克利分校物理学教授（图156）。因发展氢泡室技术和数据分析方法，独享1968年诺贝尔物理学奖。第二次世界大战期间，曾参加过美国研制原子弹的"曼哈顿计划"。1946年因发展"飞机在全天候和交通繁忙条件下安全着陆地面控制系统"的突出贡献，应邀去白宫接受美国总统杜鲁门亲自颁发的科利尔奖（Collier Trophy）。

他对儿子的想法很支持，就找到劳伦斯·伯克利实验室的核化学家弗兰克·阿萨罗（Frank Asaro）和海伦·米彻尔（Helen Michel），运用中子活化分析技术研究这层黏

图156　美国加州大学伯克利分校物理学教授路易斯·沃尔特·阿尔瓦雷茨
（Image Credit：en.wikipedia.org）

土。发现其中含有碳化尘埃、微玻璃球粒、冲击石英晶体、微金刚石，以及只形成在高温高压条件下的稀有矿物。其中铱的含量竟是地球正常含量的200倍。

还能在哪里找到这么多的铱呢？在太空里。太空里的铱含量比地球的高出约1 000倍。也就是说，这层岩石里的铱，原先不是地球上的，是来自太空的。而冲击石英，则是天体撞击才会留下的标记。

1980年开始，他们先后发表多篇论文，指出恐龙的绝灭很可能是天体撞击的结果。他们的结论引起地质学界激烈的争论，受到不少人的质疑。1988年老阿尔瓦雷茨逝世，享年77岁。

1990年，随着希克苏鲁伯陨石坑（Chicxulub Crater）的发现，阿尔瓦雷茨父子的论点得到了强有力的证据支持。这个陨石坑位于墨西哥的尤卡坦半岛希克苏鲁伯（Chicxulub）地区，埋藏在1 100多米厚的灰岩下。陨石坑直径超过180km，横跨墨西哥湾近海和半岛陆地。早在20世纪70年代，地质学家在这里进行石油勘探时，根据重力异常和钻探显示的信息，发现地下隐伏着一个巨大的圆形构造。经过10多年的研究，确定是一个巨型陨石坑（图157），并发现这个陨石坑也有一层薄薄的黏土层，测定年龄约6 500万年，是白垩系—古近系界线。黏土层也含有铱及冲击石英等撞击产物。

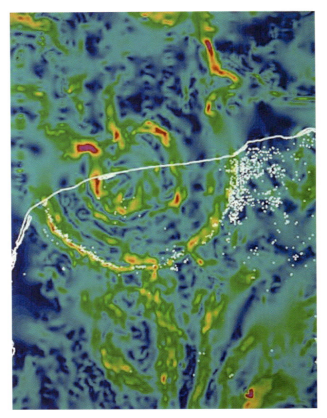

图157　尤卡坦半岛希克苏鲁伯地区重力异常图，可见一个直径超过180km的圆形撞击坑横跨墨西哥湾近海和半岛陆地
（Image Credit：zmescience.com）

随着世界各地相关研究的深入，发现这套撞击产物也不约而同地出现在地球许多地方的白垩系—古近系界线层里，显然这是一次影响遍及全球的大撞击，撞击点就在墨西哥的犹卡坦半岛希克苏鲁伯市附近。

综合各方面的研究结果，一些科学家大致描绘出当时可能发生的情况：

约6 500万年前，一颗直径约10km的小行星，以超过40倍音速的速度冲向地球（图158）。它的体积如此巨大，以至于当它撞上地球时，前端已碰到地面，而后端还在约10 000m高空！撞击释放的能量，达100万亿吨TNT当量！相当于迄今为止人类制造的威力最大核炸弹——苏联1961年试爆的5 000万吨TNT当量"赫鲁晓夫氢弹"的200万倍（图159）！

撞击的超高温使这颗小行星气化蒸发，还引发了浪高百米的大规模海啸，横扫整个墨西哥和大半个美国，一部分穿过墨西哥进入太平洋，一部分深入美国内陆，然后再原路返回，浩浩荡荡，摧枯拉朽，所经之处生物很难存活。

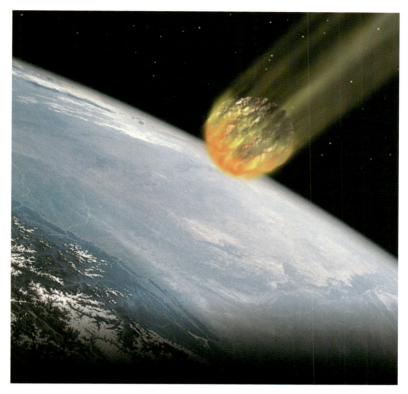

图158 约6 500万年前,一颗直径约10km的小行星,以超过40倍音速的速度冲向地球
(Image Credit:loadtve.biz)

图159 撞击释放的能量,达100万亿吨TNT当量
(Image Credit:pics-about-space.com)

撞击会击穿地壳，挖出约21 000km³的岩石和岩浆，混合成高温喷溅物飞上高空，而后再落下来，造成全球性的火风暴。还产生大量二氧化碳进入大气，在此后一个时期，形成强烈的温室效应，气温骤升，全球酷热。

巨大的撞击波可能引发世界各地的地震和火山爆发，连锁反应，进一步加剧灾难。

撞击还可能引起地球自转和公转特征的改变，导致太阳光照角度变化，全球气候发生巨变。

还造成大量尘埃升上12km高空，进入平流层。因平流层不会降雨，这些尘埃会弥漫在那里长达10年以上，长时期遮蔽阳光，地表气温急剧下降，进入漫长黑暗的严寒时期——"核冬天"。植物也因光合作用受阻，大面积枯萎。

由于撞击点位于富含石膏的岩层，大量石膏硫化物被抛上天空，造成此后一段时期硫酸雨盛行，也促进了生物的大批死亡。

在这一连串酷热和严寒剧烈变化的大灾难中，首先是食量巨大的巨型恐龙，而后是其他恐龙及别的一部分生物群，由于无法适应如此恶劣的环境巨变，纷纷灭亡，中生代生态系统瓦解，白垩纪到此结束。

残存的生物群，大多在中生代时期属于非主流，竞争不过那些主流生物群，所以只能低调地在夹缝里求生存，消费水平维持在较低的标准，对环境适应能力超强。正因为如此，它们才能度过这段艰难时期，熬到新生代。一旦环境好转并稳定下来，它们就迅速复苏，占据绝灭生物群留下的空缺，繁荣昌盛起来。

97. 小行星撞击地球的概率有多大？如果真的要撞过来，人类怎么办？

小行星是太阳系形成时产生的副产品（图160），在此后46亿年以来，一些靠近地球的小行星（近地小行星）及其碎片，不断光临地球。地球由于有大气层的保护，它们中绝大多数在落地前就被与大气摩擦产生的高温烧掉了。目前地球上发现的陨石坑并不多，较大的有140多个，但这并不能说明，在地球历史上，只有这么多天体撞击，因为漫长的地质作用可能已经把绝大多数撞击痕迹抹去了。

近地小行星与地球之间距离有个750km警戒线，当近地小行星越过这个警戒线，就可能撞向地球。据统计，直径大于1km的小行星撞击地球的概率，约100万年发生1次；直径大于2km的小行星撞击地球的概率，约300万年发生1次。直径大于6km的小行星撞击地球的概率，要上亿年发生1次。根据美国国家航空和航天局（NASA）在太阳系内的追踪监

图160　小行星是太阳系形成时产生的副产品
（Image Credit：about-space.com）

视,在已发现的12 992颗近地天体中,有1 607颗被列为潜在威胁天体。

有科学家推测,6 500万年前一颗直径约10km的小行星撞击地球事件,导致了统治地球1亿6 500万年之久的恐龙绝灭。那么,如果这样的撞击事件再次重演,人类该如何应对呢?

据科学家测算,只有直径超过140m的近地小行星才会对地球构成威胁。目前世界各地已建立了一些专门的观测站,密切跟踪监视一切存在危险的天体(图161)。美国、俄罗斯及中国研制的航天武器系统,必要时也可对威胁地球安全的小行星或其他天体实施拦截(图162)。

图161　美国近年发展的全景巡天望远镜和快速反应系统(Panoramic Survey Telescope And Rapid Response System,缩写Pan-STARRS,中国翻译成"泛星计划"),可全时段、全方位搜索跟踪可能会撞击地球的近地天体
（Image Credit：outerspace.stsci.edu）

图162　中国2007年1月11日发射"开拓者-1A"反卫星武器运载火箭，摧毁了863km高度轨道上已经退役的"风云-1C"气象卫星
（Image Credit：spaceflight101.com）

98. 为什么有的人认为恐龙并没有绝灭？

因为，自1996年首次报道在中国辽宁西部发现长毛的恐龙化石以来，越来越多化石证据表明，那些两足行走的恐龙，有许多行为特征的确很像鸟类。于是，一些古生物学家提出：鸟类是由恐龙演化而来的。甚至认为，恐龙并没有绝灭，今天的鸟类就是它们的后代。而且，有人说得更直截了当："你家后院就有恐龙！"

目前，他们在系统分类上，将鸟类归入蜥臀目兽足亚目鸟类演化支。并提出，以往概念上的恐龙，现在改称"非鸟类恐龙(non-avian dinosaurs)"。但问题是，蜥臀目恐龙虽然具备许多鸟类的特征，但作为目一级分类依据的臀部骨骼构造却类似蜥蜴的，与鸟类的完全不同（见图6左）。而鸟臀目恐龙虽然作为目一级分类依据的臀部骨骼构造类似鸟类的，但其他各方面都与鸟类的完全不同（见图6右）。所以，把鸟类硬归入恐龙，在目一级上就陷入了混乱。实际上恐龙早已绝灭，现代鸟类不是恐龙的后代。

99 鸟类是插上翅膀的恐龙吗？

恐龙中有一些物种的许多特征与鸟类相似，这一点早就引起了一些科学家的注意。

1868年英国博物学家托马斯·亨利·赫胥黎(Thomas Henry Huxley)曾指出,禽龙与鸵鸟有35处相似。

1969年美国古生物学家约翰·奥斯特罗姆提出,恐龙以直立姿势进行大运动量活动,反映了它们旺盛的代谢和恒定的温暖体温特征,明显有别于其他爬行动物,而更接近鸟类(见图108)。

鸟类的许多特征在一些两足行走的恐龙身上也能找到,如羽毛、羽毛组成的翅膀、叉骨、尾综骨、半月腕骨、眼眶与下颞孔相连等。但区别是:一只鸟身上会具备全部这些特征,而恐龙却不会。不同的恐龙身上只会具备这些特征中的1个或几个,而不是全部。

如,邹氏尾羽龙具有真正的羽毛(见图70);顾氏小盗龙具有羽毛组成的翅膀(见图83);鲍里氏腔骨龙具有类似鸟类的叉骨(见图106);戈壁天青石龙(Nomingia gobiensis)具有生长扇状尾羽的尾综骨(图163);许多前肢细长的恐龙都具有半月形腕骨,以便在奔跑时将前肢折叠收拢在体侧;鹰嘴窝单爪龙(Mononykus olecranus)眼眶与下颞孔相连(图164);寐龙(Mei long)惊恐时类似鸟类那样蜷缩在窝里(图165),等等。

图163 戈壁天青石龙,属于蜥臀目兽足亚目盗蛋龙科小型食肉恐龙,生活在6 800万年前今天的蒙古国。身长约1.7m,体重约20kg,具有生长扇状尾羽的尾综骨
(Image Credit: Michael Skrepnick)

图164 鹰嘴窝单爪龙,属于蜥臀目兽足亚目阿瓦拉慈龙科(Alvarezsauridae)小型食肉恐龙,生活在7 000万年前的今天的蒙古国。身长约1m,手上只有一个特化的大指爪
(Image Credit:unlobogris.deviantart.com)

图165 寐龙,属于蜥臀目兽足亚目伤齿龙科小型食肉恐龙,生活在1亿2 500万年前的今天的中国辽宁。这是一只幼年个体,身长53cm,火山大爆发时,惊恐万分,蜷缩在窝里,被火山灰掩埋,成为化石
(Image Credit:csotonyi.com)

但不管怎么说,迄今为止的化石记录表明,所有具备上面所说的类似鸟类特征的恐龙,都大量出现在白垩纪,而鸟类早在侏罗纪就已存在了,如著名的印石板始祖鸟(*Archaeopteryx lithographica*)(图166)就生活在距今1亿5 080万～1亿4 850万年的侏罗纪晚期。所以,就目前掌握的化石证据而言,还不能说恐龙就是鸟类的祖先,只能说它们是拥有共同祖先、亲缘关系接近、平行演化的两个不同的分支。恐龙这一支在6 500万年前绝灭了,而鸟类这一支继续演化繁衍到今天。

图166　印石板始祖鸟
(Image Credit:emilywilloughby.com)

100. 恐龙能通过克隆再次复活吗?

有可能。

但要取决于能否找回那些早已在6 500万年前绝灭的生命完整无缺的DNA。就目前的生命科学水平和基因工程技术,这肯定是不可能的。虽然有美国科学家声称,已从多种恐龙的化石大腿骨里提取到了软组织。但那充其量就是蛋白质,而且经过如此漫长的时间,很可能已经严重变质。即使这些没有变质,仍离复原恐龙基因组还有非常遥远的路要走。

目前有可能实现的是,用遗传方法比较各种鸟类和爬行动物的基因组,然后用数学方法构建"广义的恐龙"DNA序列。也许有可能诱导鸡嘴里长出牙齿,屁股后面长出尾巴,培养出某种"鸡恐龙"(尽管这并不是真正的恐龙,但毕竟很接近恐龙了)。因为已经消失的远古特征基因,也许仍然存在于基因组里,只是处于休眠状态,一旦唤醒这些休眠的基因,也许能找回这些远古物种的一些特征。

结束语

关于恐龙的问题还有很多很多,我们就是不断地提出问题,再通过科学研究、分析、推理和实验来解决问题,从中获得科学知识。伟大的英国哲学家弗朗西斯·培根(Sir Francis Bacon)说过:"知识就是力量(knowledge is power)。"我们通过研究恐龙,探讨它们兴衰的深层次原因,从中获得如何保护自然环境、维持生态平衡的启迪,并采取相应的对策,增强人类适应大自然变化的能力。为此,人类对大自然的探索将永无止境,对恐龙的研究还将继续深入下去。

主要参考文献

Adamsky V, Smirnov Y. Moscow's Biggest Bomb: the 50- Megaton Test of October 1961[J]. Cold War International History Project Bulletin, 1994 (4): 3, 19−21.

Alvarez L W, Alvarez W, Asaro F, et al. Extraterrestrial cause for the Cretaceous-Tertiary extinction[J]. Science., 1980, 208 (4 448): 1 095−1 108.

Alvarez L W. Mass extinctions caused by large bolide impacts[J]. Physics Today., 1987, 40: 24−33.

Anderson J F, Hall-Martin A J, Russell D A. Long bone circumference and weight in mammals, birds and dinosaurs[J]. Journal of Zoology., 1985, 207 (1): 53−61.

Arbour V M, Currie P J. Systematics, phylogeny and palaeobiogeography of the ankylosaurid dinosaurs[J]. Journal of Systematic Palaeontology, 2015: 1−60.

Bakker R T, Sullivan R M, Porter V, et al. *Dracorex hogwartsia*, n. gen., n. sp., a spiked, flat-headed pachycephalosaurid dinosaur from the Upper Cretaceous Hell Creek Formation of South Dakota. in Lucas S G, Sullivan R M, eds, Late Cretaceous vertebrates from the Western Interior[J]. New Mexico Museum of Natural History and Science Bulletin, 2006, 35: 331−345.

Barsbold R, Osmólska H, Watabe M, et al. New Oviraptorosaur (Dinosauria, Theropoda) From Mongolia: The First Dinosaur With A Pygostyle[J]. Acta Palaeontologica Polonica, 2000, 45 (2): 97−106.

Bell P R, Fanti F, Currie P J, et al. A Mummified Duck-Billed Dinosaur with a Soft-Tissue Cock's Comb[J]. Current Biology, 2013, 24 (1): 70−75.

Bonaparte J, Coria R. Un nuevo y gigantesco sauropodo titanosaurio de la Formacion Rio Limay (Albiano-Cenomaniano) de la Provincia del Neuquen, Argentina[J]. Ameghiniana (in Spanish). 1993, 30 (3): 271−282.

Brinkman D L, Cifelli R L, Czaplewski N J. First occurrence of *Deinonychus antirrhopus* (Dinosauria: Theropoda) from the Antlers Formation (Lower Cretaceous: Aptian-Albian) of Oklahoma[J]. Oklahoma Geological Survey Bulletin, 1998, 146: 1−27.

Cerda I A, Powell J E. Dermal Armor Histology of *Saltasaurus loricatus*, an Upper Cretaceous Sauropod Dinosaur from Northwest Argentina[J]. Acta Palaeontologica Polonica, 2010, 55 (3): 389−398.

Charig A J, Milner A C. *Baryonyx walkeri*, a fish-eating dinosaur from the Wealden of Surrey[J]. Bulletin of the Natural History Museum of London, 1997, 53: 11−70.

Chen P, Dong Z, Zhen S. An exceptionally well-preserved theropod dinosaur from the Yixian Formation of China[J].Nature, 1998,391(8): 147-152.

Chinsamy A, Hillenius W J. Physiology of nonavian dinosaurs[J]. The Dinosauria, 2nd ed, 2004:643-659.

Clark J M, Norell M A, Barsbold R. Two new oviraptorids (Theropoda: Oviraptorosauria), upper Cretaceous Djadokhta Formation, Ukhaa Tolgod, Mongolia [J]. Journal of Vertebrate Paleontology, 2001,21 (2): 209-213.

Cleland T P, Stoskopf M K, Schweitzer M H. Histological, chemical, and morphological reexamination of the "heart" of a small Late Cretaceous *Thescelosaurus* [J]. Naturwissenschaften, 2011,98 (3): 203-211.

Colbert E, Russell D A. The small Cretaceous dinosaur Dromaeosaurus[J]. American Museum Novitates, 1969,2380: 1-49.

Coria R A, Chiappe L M. Embryonic skin from Late Cretaceous sauropods (Dinosauria) of auca mahuevo, patagonia, argentina[J]. Journal of Paleontology, 2007, 81 (6): 1 528-1 532.

Currie P J. New information on the anatomy and relationships of *Dromaeosaurus albertensis* (Dinosauria: Theropoda) [J]. Journal of Vertebrate Paleontology, 1995,15 (3): 576-591.

Currie P J. Theropods, including birds. in Currie and Koppelhus (eds). Dinosaur Provincial Park, a spectacular ecosystem revealed, Part Two, Flora and Fauna from the park[M]. Indiana University Press, Bloomington, 2005:367-397.

Dal Sasso C, Signore M. Exceptional soft tissue preservation in a theropod dinosaur from Italy[J]. Nature, 1998,392: 383-387.

Dong Z, Currie P. On the discovery of an oviraptorid skeleton on a nest of eggs at Bayan Mandahu, Inner Mongolia, People's Republic of China[M]. Canadian Journal of Earth Sciences. 1996,33: 631-636.

Easton I. 2009. The Great Game in Space: China's Evolving ASAT Weapons Programs and Their Implications for Future U.S. Strategy[R]. Project 2049 Occasional Paper, June 24, 2009:2.

Farke A A, Chok D J, Herrero A, et al. Hutchinson, John, ed. Ontogeny in the tube-crested dinosaur Parasaurolophus (Hadrosauridae) and heterochrony in hadrosaurids. Peer J. 2013,1: e182. doi: 10.7717/peerj.182. PMC 3807589. PMID 24167777.

Fiorillo A R, Tykoski R S. A new species of the centrosaurine ceratopsid *Pachyrhinosaurus* from the North Slope (Prince Creek Formation: Maastrichtian) of Alaska [J]. Acta Palaeontologica Polonica, 2012,57 (3): 561-573.

Fiorillo A R, Tykoski R S. Dodson, Peter, ed. A Diminutive New Tyrannosaur from the Top of the World[J]. PLoS ONE. 9 (3): e91287. doi:10.1371/journal. pone. 0091287. 2014.

Foth C, Tischlinger H, Rauhut O W. New specimen of *Archaeopteryx* provides insights into the evolution of pennaceous feathers[J]. Nature, 2014, 511 (7 507): 79−82.

Fricke H C, Henceroth J W, Hoerner M E. Lowland-upland migration of sauropod dinosaurs during the Late Jurassic epoch[J]. Nature, 2011, 480 (7 378): 513−515.

Galton P M, Carpenter K. The plated dinosaur *Stegosaurus longispinus* Gilmore, 1914 (Dinosauria: Ornithischia; Upper Jurassic, western USA), type species of *Alcovasaurus* n. gen. Neues Jahrbuch für Geologie und Paläontologie-Abhandlungen, 2016, 279 (2): 185−208.

Galton P M, Jensen J A. *Hypsilophodon* and *Iguanodon* from the Lower Cretaceous of North America[J]. Nature, 1975, 257 (1975): 668−669.

Galton P M. The postcranial anatomy of stegosaurian dinosaur *Kentrosaurus* from the Upper Jurassic of Tanzania, East Africa [J]. Geologica et Palaeontologica, 1982, 15: 139−165.

Gangloff R A, Fiorillo A R, Norton D W. The first pachycephalosaurine (Dinosauria) from the Paleo-Arctic of Alaska and its paleogeographic implications [J]. Journal of Paleontology, 2005, 79: 997−1001.

Gillette D D. *Seismosaurus halli*, gen. et sp. nov., a new sauropod dinosaur from the Morrison Formation (Upper Jurassic/Lower Cretaceous) of New Mexico, USA[J]. Journal of Vertebrate Paleontology, 1991, 11(4) : 417−433.

Glut D F. *Massospondylus*. Dinosaurs: The Encyclopedia: Supplement One. Jefferson, North Carolina: McFarland & Co., 2000:258.

Horner J R, Makela R. Nest of juveniles provides evidence of family structure among dinosaurs[J]. Nature, 1979, 282 (5 736): 296−298.

Hunt R K, Lehman T M. Attributes of the ceratopsian dinosaur *Torosaurus*, and new material from the Javelina Formation (Maastrichtian) of Texas [J]. Journal of Paleontology, 2008, 82 (6): 1 127−1 138.

Hutchinson J R, Bates K T, Molnar J, et al. A Computational Analysis of Limb and Body Dimensions in Tyrannosaurus rex with Implications for Locomotion, Ontogeny, and Growth". PLoS ONE., 6 (10): e26037. doi:10.1371/journal.pone.0026037. 2011.

Ji Q, Currie P J, Norell M A, et al. Two feathered dinosaurs from northeastern China[J]. Nature, 1998, 393 (6 687): 753−761.

Langer M C, Ramezani J, Da Rosa A A S. U-Pb age constraints on dinosaur rise from south Brazil[J]. Gondwana Research X, 2018 (18): 133−140.

Lee M S Y, Cau A, Naish D, et al. Sustained miniaturization and anatomical innovation in the dinosaurian ancestors of birds. [J]. Science, 2014, 345 (6 196): 562−566.

Lee Y, Ryan M J, Yoshitsugu K. The first ceratopsian dinosaur from South Korea [J]. Naturwissenschaften, 2011, 98 (1): 39−49.

Lingham-Soliar T. A unique cross section through the skin of the dinosaur *Psittacosaurus* from China showing a complex fibre architecture [J]. Proceedings of the Royal Society B: Biological Sciences, 2008, 275 (1 636): 775−780.

Maleev E A. New carnivorous dinosaurs from the Upper Cretaceous of Mongolia, in Doklady Akademii Nauk SSSR, translated by F. J. Alcock, 1955, 104 (5): 779−783.

Maxwell W D, Ostrom J H. Taphonomy and paleobiological implications of *Tenontosaurus-Deinonychus* associations [J]. Journal of Vertebrate Paleontology., 1995, 15 (4): 707−712.

Norell M A, Clark J M, Chiappe L M, et al. A nesting dinosaur [J]. Nature, 1995, 378: 774−776.

Otero A, Pol D. Postcranial anatomy and phylogenetic relationships of Mussaurus patagonicus (Dinosauria, Sauropodomorpha) [J]. Journal of Vertebrate Paleontology., 2013, 33 (5): 1 138.

Paul G S. Princeton Field Guide to Dinosaurs [M]. Princeton University Press, 2016.

Perle A, Norell M A, Chiappe L M, et al. Correction: Flightless bird from the Cretaceous of Mongolia [J]. Nature, 1993, 363: 188.

Raven T J, Maidment S C R. A new phylogeny of Stegosauria (Dinosauria, Ornithischia) (Submitted manuscript) [J]. Palaeontology, 2017, 60 (3): 401−408.

Reig O A. La presencia de dinosaurios saurisquios en los Estratos de Ischigualasto (Mesotriásico Superior) de las provincias de San Juan y La Rioja (República Argentina) [J]. Ameghiniana (in Spanish), 1963, 3 (1): 3−20.

Renne P R, Deino A L, Hilgen F J, et al. Time Scales of Critical Events Around the Cretaceous-Paleogene Boundary [J]. Science, 2013, 339 (6 120): 684−687.

Rinehart L F, Lucas S G, Hunt A P. Furculae in the Late Triassic theropod dinosaur Coelophysis bauri [J]. Paläontologische Zeitschrift, 2007, 81 (2): 174−180.

Rogers R R, Swisher III C C, Sereno P C, et al. The Ischigualasto tetrapod assemblage (Late Triassic, Argentina) and $^{40}Ar/^{39}Ar$ dating of dinosaur origins [J]. Science, 1993, 260 (5 109): 794−797.

Rozadilla S, Agnolin F L, Novas F E, et al. A new ornithopod (Dinosauria, Ornithischia) from the Upper Cretaceous of Antarctica and its palaeobiogeographical implications [J]. Cretaceous Research, 2016, 57: 311−324.

Russell D A, Zheng Z. A large mamenchisaurid from the Junggar Basin, Xinjiang, People Republic of China [J]. Canadian Journal of Earth Sciences, 1993, 30: 2 082−2 095.

Saitta E T. Evidence for Sexual Dimorphism in the Plated Dinosaur *Stegosaurus mjosi* (Ornithischia, Stegosauria) from the Morrison Formation (Upper Jurassic) of Western USA. PLoS ONE. 10 (4): e0123503. doi:10.1371/journal.pone.0123503, 2015.

Scannella J, Horner J R. *Torosaurus* Marsh, 1891, is *Triceratops* Marsh, 1889 (Ceratopsidae: Chasmosaurinae): synonymy through ontogeny [J]. Journal of Vertebrate Paleontology, 2010, 30 (4): 1 157−1 168.

Sekiya T, Dong Z. A New Juvenile Specimen of *Lufengosaurus huenei* Young, 1941 (Dinosauria: Prosauropoda) from the Lower Jurassic Lower Lufeng Formation of Yunnan, Southwest China [J]. Acta Geologica Sinica, 2010, 84 (1): 11−21.

Sereno P C, Dutheil D B, Iarochene M, et al. Predatory dinosaurs from the Sahara and Late Cretaceous faunal differentiation [J]. Science, 1996, 272 (5 264): 986−991.

Smith N D, Makovicky P J, Hammer W R, et al. Osteology of *Cryolophosaurus ellioti* (Dinosauria: Theropoda) from the Early Jurassic of Antarctica and implications for early theropod evolution [J]. Zoological Journal of the Linnean Society, 2007, 151 (2): 377−421.

Smith N D, Diego P. Anatomy of a basal sauropodomorph dinosaur from the Early Jurassic Hanson Formation of Antarctica [J]. Acta Palaeontologica Polonica, 2007, 52 (4): 657−674.

Sullivan R M. A taxonomic review of the Pachycephalosauridae (Dinosauria: Ornithischia), in Late Cretaceous vertebrates from the Western Interior [J]. New Mexico Museum of Natural History and Science Bulletin, 2006, 35: 347−366.

Tereschhenko V. Adaptive Features of Protoceratopsids (Ornithischia: Neoceratopsia) [J]. Paleontological Journal, 2008, 42 (3): 50−64.

Wedel M J, Cifelli R L, Sanders R K. Sauroposeidon proteles, a new sauropod from the Early Cretaceous of Oklahoma [J]. Journal of Vertebrate Paleontology, 2000, 20 (1): 109−114.

Weiland H J, Rest A. ATLAS: A High-Cadence All-Sky Survey System. Publications of the Astronomical Society of the Pacific. 130 (988): 064505. doi:10.1088/1 538−3 873/aabadf, 2018.

Wedel M J, Cifelli R L, Sanders R K. *Sauroposeidon proteles*, a new sauropod from the Early Cretaceous of Oklahoma [J]. Journal of Vertebrate Paleontology, 2000 (20): 109−114.

Xu X, Cheng Y, Wang X, et al. An unusual oviraptorosaurian dinosaur from China [J]. Nature, 2002, 419 (6 904): 291−293.

Xu X, Norell M A. A new troodontid dinosaur from China with avian-like sleeping posture [J]. Nature, 2004, 431 (7 010): 838−841.

Xu X, Wang K, Zhang K, et al. A gigantic feathered dinosaur from the Lower Cretaceous of China[J]. Nature, 2012, 484 (7 392): 92−95.

Xu X, Wang X, Wu X. A dromaeosaurid dinosaur with a filamentous integument from the Yixian Formation of China[J]. Nature, 1999, 401 (6 750): 262−266.

Xu X, Zhou Z, Wang X. The smallest known non-avian theropod dinosaur[J]. Nature, 2000, 408 (6 813): 705−708.

Xu X, Zhou Z, Wang X, et al. Four-winged dinosaurs from China[J]. Nature, 2003, 421 (6 921): 335−340.

Zanno L E. A taxonomic and phylogenetic re-evaluation of Therizinosauria (Dinosauria: Maniraptora) [J]. Journal of Systematic Palaeontology, 2010, 8 (4): 503−543.

Zelenitsky D K, Therrien F. Phylogenetic analysis of reproductive Traits of maniraptoran theropods and its implications for egg parataxonomy[J]. Palaeontology, 2008, 51: 807−816.